继电保护技术问答

国网河南省电力公司◎组编

中国电力出版社
CHINA ELECTRIC POWER PRESS

内 容 提 要

本书由超（特）高压电力系统继电保护人员在长期一线生产实践的经验总结而来；主要侧重于电力系统变电运维人员现场工作经常涉及的继电保护相关理论和工程实践。以技术问答的形式，按照由易到难的顺序编排，旨在把专业问题和答案由简入深表达清楚；本书包括继电保护基础知识、规程规范、二次回路、线路保护、断路器保护、变压器保护、低压保护、母线保护和故障分析九个章节，并附部分案例分析。

本书内容理论联系实际，对现场继电保护装置运行维护和工程调试具有较强的实践指导意义，既可供从事变电运维和二次设备检修相关人员使用，也可供高等院校电气工程及其自动化等相关专业师生阅读参考。

图书在版编目（CIP）数据

继电保护技术问答 / 国网河南省电力公司组编 . —北京：中国电力出版社，2022.8（2024.11重印）
ISBN 978-7-5198-6289-3

Ⅰ . ①继… Ⅱ . ①国… Ⅲ . ①电力系统—继电保护—问题解答 Ⅳ . ① TM77-44

中国版本图书馆 CIP 数据核字（2021）第 262772 号

出版发行：中国电力出版社
地　　址：北京市东城区北京站西街 19 号（邮政编码 100005）
网　　址：http://www.cepp.sgcc.com.cn
责任编辑：陈 丽
责任校对：黄 蓓 马 宁
装帧设计：张俊霞
责任印制：石 雷

印　　刷：固安县铭成印刷有限公司
版　　次：2022 年 8 月第一版
印　　次：2024 年 11 月北京第三次印刷
开　　本：710 毫米 ×1000 毫米　16 开本
印　　张：13.5
字　　数：201 千字
印　　数：2001—2500 册
定　　价：58.00 元

前言

随着我国电力技术、计算机技术的快速发展，从 20 世纪 90 年代开始，继电保护技术进入微机保护时代，现在，继电保护技术向着计算机化、网络化、智能化方向不断发展，保护、测控和数据通信也在向一体化方向快速发展，为继电保护技术注入了新的活力。继电保护技术已不局限于继电保护从业人员掌握，越来越多的变电站运维人员也需要对该专业有一定的了解。

面对电网快速发展的新形势，为适应电网稳定运行对从业人员技能的新要求，不断提高电力从业人员的基础知识和基本技能，国网河南省电力公司检修公司根据各网、省公司继电保护知识培训的实际需求，组织有关专业专家编写了《继电保护技术问答》，希望能通过这种形式，为变电运维人员提高综合专业能力提供一个有效的学习书目，更好地保障电网安全可靠运行。

本书通过问答的形式，向读者讲解了变电运维工作中常见的继电保护基础知识、规程标准、故障分析等相关知识，题量丰富，切合实际，应用性强，注重电力系统继电保护的基本概念、基本知识以及基本技能，可作为变电运维专业及相关专业人员培训学习的教材。

在此谨对所有参与本书编写、出版的各位专家以及各方人士表示敬意，希望广大从业人员加强学习、提高专业技能，为电网安全稳定运行做出新的贡献。由于时间有限，书中难免存在疏漏，请各位读者批评指正。

编 者

2022 年 6 月

目录

⑤

第四章 线路保护 ········· 67

第一节 理论基础 ········· 67

第五章　断路器保护 …………………………………………………………… 96

第一节　理论基础 ………………………………………………………………… 96

第二节　工程理论 ………………………………………………………………… 99

1. 220kV/110kV/35kV 变压器为 YN/YN/△—11 接线，35kV 侧没负荷，也没引

23

第一章 基础知识

第一节 理论基础

1. 什么是保证电网稳定运行的"三道防线"？【易】

答："三道防线"是指在电力系统受到不同扰动时对电网保证稳定可靠供电方面提出的要求。

（1）当电网发生常见的概率高的单一故障时，电力系统应当保持稳定运行，同时保持对用户的正常供电。

（2）当电网发生性质较严重但概率较低的单一故障时，要求电力系统保持稳定运行，但允许损失部分负荷（直接切除某些负荷，或因系统频率下降，负荷自然降低）。

（3）当电网发生了罕见的多重故障（包括单一故障同时继电保护动作不正确等），电力系统有可能不能保持稳定运行，但必须有约定的措施以尽可能缩小故障影响范围和缩短影响时间。

2. 什么是主保护、后备保护、辅助保护和异常运行保护？【易】

答：（1）主保护是满足系统稳定和设备安全要求，能以最快速度有选择地切除被保护设备和线路故障的保护。

（2）后备保护是主保护或断路器拒动时，用来切除故障的保护。后备保护可分为远后备保护和近后备保护两种。远后备保护是当主保护或断路器拒动时，由相邻电力设备或线路的保护来实现的后备保护。近后备保护是当主保护拒动时，由本电力设备或线路的另一套保护来实现的后备保护；当断路器拒动时，由断路器失灵保护来实现后备保护。

（3）辅助保护是为补充主保护和后备保护的性能或当主保护和后备保护退出运行而增设的简单保护。

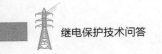

（4）异常运行保护是反应被保护电力设备或线路异常运行状态的保护。

3. 什么是二次设备？【易】

答：二次设备是指对一次设备进行监测、控制、调节、保护以及为运行、维护人员提供运行工况或生产指挥所需信号的低压电气设备。

4. 对微机继电保护装置运行程序的管理有什么规定？【易】

对微机继电保护装置运行程序的管理规定有：

答：（1）各网（省）调应统一管理直接管辖范围内微机继电保护装置的程序。

（2）一条线路两端的同一型号微机继电保护程序版本应相同。

（3）微机继电保护装置的程序变更应按主管调度继电保护专业部门签发的通知单执行。

5. 对电力系统继电保护的基本性能有哪些要求？【易】

答：对电力系统继电保护的基本性能要求为"四性"，即可靠性、选择性、快速性、灵敏性。

6. 在整定计算上如何保证继电保护装置的选择性和灵敏度？【易】

答：一般采用系统最大运行方式来整定选择性，用最小运行方式来校核灵敏度，以保证在各种系统运行方式下满足选择性和灵敏度的要求。

7. 什么是常见运行方式？【易】

答：常见运行方式是指正常运行方式和被保护设备相邻近的一回线或一个元件检修的正常检修方式。

8. 继电保护的"三误"指的是什么？【易】

答：继电保护的"三误"指误碰、误接线、误整定。

9. 在一次设备上可采取什么措施来提高系统的稳定性？【易】

答：在一次设备上可采取以下措施来提高系统的稳定性：①减少线路阻抗；②在线路上装设串联电容；③装设中间补偿设备；④采用直流输电。

10. 我国电力系统的中性点接地方式有哪几种？【易】

答：我国电力系统的中性点接地方式有三种，分别是直接接地方式（含经小电阻、小电抗接地）、经消弧线圈接地方式、不接地方式（含经间隙接地）。

11. 大接地电流系统、 小接地电流系统的划分依据是什么? 【易】

答：大接地电流系统、小接地电流系统的划分依据是系统的零序电抗 X_0 与正序电抗 X_1 的比值，即 $X_0/X_1 \leqslant 4 \sim 5$ 的系统属于大接地电流系统，$X_0/X_1 > 4 \sim 5$ 的系统则属于小接地电流系统。

12. 在中性点不接地系统中， 线路上的电容电流沿线路是如何分布的? 【易】

答：在中性点不接地系统中，线路上的电容电流沿线路是不相等的，越靠近线路末端，电容电流越小。

13. 何为双 AD 采样? 双 AD 采样的作用是什么? 【易】

答：双 AD 采样为合并单元通过两个 AD 同时采样两路数据，如一路为电流 A、电流 B、电流 C，另一路为电流 A_1、电流 B_1、电流 C_1，两路数据同时参与逻辑运算，即相互校验。一路数据作为启动，另一路作为逻辑运算。双 AD 采样的作用是使保护更加可靠，使保护不容易误出口。

14. 简述采样、 采样定理、 采样率、 采样中断的概念。 【易】

答：采样：周期性地抽取连续信号，把连续的模拟信号变为数字量，每隔 ΔT 时间采样一次，ΔT 称为采样周期，$1/\Delta T$ 称为采样频率。

采样定理、采样率：为了根据采样信号完全重现原来的信号，不产生频率混叠现象，采样频率 f_s 必须大于输入连续信号最高频率的 2 倍，即 $f_s > 2f_{max}$。

采样中断：为 CPU 设置一个定时中断，这个中断时间一到，CPU 就执行采样过程，即启动 A/D 转换，并读取 A/D 转换结果。

15. 什么叫潜供电流? 对重合闸时间有什么影响? 【易】

答：当故障相跳开后，另外两健全相通过电容耦合和磁感应耦合供给故障点的电流叫潜供电流。潜供电流使故障点的消弧时间延长，因此重合闸的时间必须考虑这一消弧时间的延长。

16. 简述站用直流系统接地的危害。 【易】

答：站用直流系统接地的危害有：

（1）直流系统两点接地有可能造成保护装置及二次设备误动。

（2）直流系统两点接地有可能使保护装置及二次设备在系统发生故障时

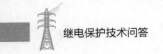

拒动。

（3）直流系统正、负极间短路有可能使直流熔断器熔断。

（4）当控制电缆较长时，若直流系统一点接地，可能造成保护装置的不正确动作，特别是当交流系统也发生接地故障，则可能对保护装置形成干扰，严重时会导致保护装置误动作。

（5）对于某些动作电压较低的断路器，当其跳（合）闸线圈前一点接地时，有可能造成断路器误跳（合）闸。

17. 造成电流互感器稳态测量误差的原因是什么？【中】

答：测量误差就是因电流互感器的二次输出量 I_2 与其归算到二次侧的一次输入量 I_1 的大小不等、相角不相同所造成的误差。所以测量误差分为幅值（变比）误差和相位（角度）误差两种。产生测量误差的原因有：①电流互感器本身造成；②运行和使用条件造成。

电流互感器本身造成的误差是由于电流互感器有励磁电流 I_e 的存在，I_e 是输入电流的一部分，但它不传变到二次侧，故形成了变比误差。I_e 除在铁芯中产生磁通外，还产生铁芯损耗，包括涡流损耗和磁滞损耗，且 I_e 所流经的励磁支路是一个感性支路，所以 I_e 与 I_2 不同相位，就形成角度误差。

运行和使用造成的测量误差是由于电流互感器二次负载过大，铁芯饱和造成。

18. 在系统的哪些地点可考虑设置低频解列装置？【中】

答：（1）系统间联络线上的适当地点；

（2）地区系统中由主系统受电的终端变电站母线联络断路器；

（3）地区电厂的高压侧母线联络断路器；

（4）专门划作系统事故紧急启动电源专带厂用电的发电机组母线联络断路器。

19. 继电保护"不正确动作"的评价方法有哪些？【中】

答：继电保护"不正确动作"的评价方法有：

（1）被保护设备发生故障或异常，保护应动而未动（拒动），以及被保护设备无故障或异常情况下的保护动作（误动），应评价为"不正确动作"。

（2）在电力系统发生故障或异常运行时，继电保护应动而未动作，应评价为"不正确动作（拒动）"。

（3）在电力系统发生故障或异常运行时，继电保护不应动而误动作，应评价为"不正确动作（误动）"。

（4）在电力系统正常运行情况下，继电保护误动作跳闸，应评价为"不正确动作（误动）"。

（5）线路纵联保护在原理上是由线路两侧的设备共同构成一整套保护装置，若保护装置的不正确动作是因一侧设备的不正确状态引起的，引起不正确动作的一侧应评价为"不正确动作"，另一侧不再评价；若两侧设备均有问题，则两侧应分别评价为"不正确动作"。

（6）不同的保护装置因同一原因造成的不正确动作，应分别评价为"不正确动作"。

（7）同一保护装置因同一原因在 24h 内发生多次不正确动作，按 1 次不正确动作评价，超过 24h 的不正确动作，应分别评价。

20. 大接地电流系统中的变压器中性点是否接地，取决于什么因素？【中】

答：变压器中性点是否接地一般考虑如下因素：

（1）保证零序保护有足够的灵敏度和很好的选择性，保证接地短路电流的稳定性。

（2）为防止过电压损坏设备，应保证在各种操作和自动跳闸使系统解列时，不致造成部分系统变为中性点不接地系统。

（3）变压器绝缘水平及结构决定的接地点（如自耦变压器一般为"死接地"方式）。

21. 线路零序电抗为什么大于线路正序电抗或负序电抗？【中】

答：线路的各序电抗都是线路某一相自感电抗 X_L 和其他两相对应相序电流所产生互感 X_M 的相量和。对于正序或负序分量而言，因三相幅值相等，相位角互为 $120°$，任意两相电流正（负）序分量的相量和均与第三相正（负）序分量的大小相等，方向相反，故对于线路的正、负序电抗有 $X_1 = X_2 = X_L - X_M$。而由于零序分量三相同向，零序自感电动势和互感电动势相位相同，故线路的零序电

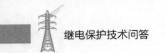

抗 $X_0 = X_L + 2X_M$，因此线路零序电抗 X_0 大于线路正序电抗 X_1 或负序电抗 X_2。

22. 请叙述阻抗继电器的测量阻抗、动作阻抗、整定阻抗的含义。【中】

答：（1）测量阻抗是指其测量（感受）到的阻抗，即为加入到阻抗继电器的电压、电流的比值。

（2）动作阻抗是指能使阻抗继电器动作的最大测量阻抗。

（3）整定阻抗是指编制整定方案时根据保护范围给出的阻抗。当角度等于线路阻抗角时，动作阻抗等于整定阻抗；当短路故障且测量阻抗小于或等于整定阻抗时，阻抗继电器动作。

23. 继电保护双重化配置的基本要求是什么？【中】

答：继电保护双重化配置的基本要求是：

（1）两套保护装置的交流电压、交流电流应分别取自电压互感器和电流互感器互相独立的绕组，其保护范围应交叉重叠，避免死区。

（2）两套保护装置的直流电源应取自不同蓄电池组供电的直流母线段。

（3）两套保护装置的跳闸回路应分别作用于断路器的两个跳闸线圈。

（4）两套保护装置与其他保护、设备配合的回路应遵循相互独立的原则。

（5）两套保护装置之间不应有电气联系，其中一套停用或检修不影响另一套保护正常运行。

（6）线路纵联保护的通道（含光纤、微波、载波等通道及加工设备和供电电源等）、远方跳闸及就地判别装置应遵循相互独立的原则按双重化配置。

24. 电压互感器和电流互感器在作用原理上有什么区别？【中】

答：电压互感器和电流互感器的主要区别是正常运行时工作状态不相同，具体表现为：

（1）电流互感器二次可以短路，但不得开路；电压互感器二次可以开路，但不得短路。

（2）相对于二次侧的负载来说，电压互感器的一次内阻较小以至可以忽略，可以认为电压互感器是一个电压源；而电流互感器的一次内阻很大，可以认为是一个内阻无穷大的电流源。

（3）电压互感器在正常工作时的磁通密度接近饱和值，故障时磁通密度下降；电流互感器正常工作时磁通密度很低，而短路时由于一次侧短路电流变得很大，使磁通密度大大增加，有时甚至远远超过饱和值。

25. 说明电力系统振荡与金属性短路故障的差别。【难】

答：系统振荡时，电流、电压的变化比较缓慢，而短路故障时电流增大，电压降低是突变的；振荡时，系统中任一点电压、电流间的夹角随两侧电势角度的变化而变化，而短路故障时夹角是不变化的；振荡时，无负序、零序分量，而不对称短路故障时有负序分量，接地故障时有零序分量；振荡时，系统中各点电压除以电流得到的测量阻抗随两侧电势间夹角变化而变化，而短路故障时是不变化的。

26. 简述电流互感器暂态饱和时的特点。【难】

答：电流互感器暂态饱和时的特点主要有：

（1）二次电流波形不对称，开始饱和时间较长，但铁芯有剩磁时，将加重饱和度并缩短开始饱和时间。

（2）从电流互感器二次看电流互感器，其内阻大大减小，极端状况下内阻等于零。

（3）故障发生瞬间电流互感器不会立即饱和，通常 3～4ms 之后才饱和。

（4）当故障电流波形通过零点附近，该电流互感器又可线性传递电流。

（5）电流互感器二次电流中含有高次谐波分量，除 3 次、5 次、7 次奇次谐波外，也包含直流及 2 次等偶次谐波。

27. 数字化、智能化变电站中的"三层两网"指的是什么？【易】

答："三层"指站控层、间隔层、过程层，"两网"指站控层网络、过程层网络。

28. 简述智能变电站继电保护"直接采样、直接跳闸"的含义。【易】

答："直接采样"是指智能电子设备不经过以太网交换机而以点对点光纤直联方式进行采样值（SV）的数字化采样传输。

"直接跳闸"是指智能电子设备不经过以太网交换机而以点对点光纤直联方式并用 GOOSE 进行跳合闸信号的传输。

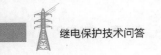

29. 智能终端是否需要对时？ 对时应采用什么方式？ 【易】

答：智能终端需要对时。对时采用光纤 IRIG-B 码对时方式时，宜采用 ST 接口；采用电 IRIG-B 码对时方式时，采用直流 B 码，通信介质为屏蔽双绞线。

30. 简述合并单元失步后的处理机制。 【易】

答：合并单元具有守时功能。要求在失去同步时钟信号 10min 以内合并单元的守时误差小于 4μs，合并单元在失步且超出守时范围的情况下应产生数据同步无效标志。

31. 什么叫合并单元的比值误差和相角误差？ 【易】

答：合并单元在同步状态下，使自身时钟和时钟源保持一致，并通过算法记录下一个参考时钟，在时钟源丢失后，依照参考时钟继续运行，保证在一段时间内参考时钟和时钟源偏差不大。

比值误差指实际二次电流（电压）乘以额定变比与一次实际电流（电压）的差，对一次实际电流（电压）的百分数。

相角误差指二次电流（电压）相量逆时针转 180°后与一次电流（电压）相量之间的相位差。

32. 请列举出至少 3 种 SV 品质异常的原因。 【易】

答：常见的 SV 品质异常的原因有：①SV 原始无效；②SV 丢点；③SV 双 AD 异常；④SV 时标超限；⑤SV 脉冲失步。

33. 什么是 VLAN？ 【易】

答：VLAN（virtual local area network）即虚拟局域网，是一种通过将局域网内的设备逻辑地址而不是物理地址划分成一个个网段，从而实现虚拟工作组的技术。即在不改变物理连接的条件下，对网络做逻辑分组。

34. 请论述 GOOSE 报文传输机制。 【中】

答：IEC 61850-7-2 定义的 GOOSE 服务模型使系统范围内快速、可靠地传输输入、输出数据值成为可能。在稳态情况下，GOOSE 服务器将稳定地以 T_0 时间间隔循环发送 GOOSE 报文。

当有事件变化时，GOOSE 服务器将立即发送事件变化报文，此时 T_0 时间间隔将被缩短；在变化事件发送完成一次后，GOOSE 服务器将以最短时间间隔 T_1 快速重传两次变化报文。

在三次快速传输完成后，GOOSE 服务器将以 T_2、T_3 时间间隔各传输一次变位报文。

最后 GOOSE 服务器又将进入稳态传输过程，以 T_0 时间间隔循环发送 GOOSE 报文。

35. 电子式互感器采样同步的技术要求是什么？　【中】

答：电子式电压互感器宜利用合并单元同步时钟实现同步采样，采样的同步误差应不大于 $\pm 1\mu s$。合并单元的时钟输入可以是电信号或光信号，时间触发在脉冲上升沿，每秒一个脉冲，合并单元应检验输入脉冲是否有误。

36. IEC 61850-9-2 对电压采样值和电流采样值有什么规定？　【中】

答：根据 IEC 61850-9-2LE 标准规定，电压采样值为 32 位整型，$1LSB=10mV$，电流采样值为 32 位整型，$1LSB=1mA$，数据代表一次电流、电压的大小。32 位的最低位第 0 位代表 1mA 或 10mV，最高位第 31 位为符号位，0 为正，1 为负。

37. 简述服务器建模的主要原则。　【中】

答：（1）每个服务器至少应有一个访问点。访问点宜按通信服务分类，与具体物理网络无关。

（2）一个访问点可以支持多个物理网口。无论物理网口是否合一，过程层 GOOSE 服务与 SV 服务应分访问点建模。

38. ACSI 类服务模型有哪些？　【中】

答：ACSI 类服务模型有：①数据集服务；②定值组控制模块型；③报告控制块和日志控制块；④取代模型；⑤控制模型；⑥通用变电站事件模型；⑦采样值传输模型；⑧时间和时间同步模型；⑨文件传输。

39. 逻辑节点 PTRC 中的 Str、Op、Tr 分别代表什么意思？　【中】

答：PTRC 中的 Str 为保护启动信号，Op 为保护动作信号，Tr 为经保护出口软压板后的跳闸出口信号。

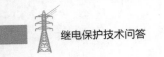

40. Send GOOSE Message 服务的主要特点是什么？ 【难】

答：Send GOOSE Message 服务的主要特点是：①基于发布者/订阅者结构的组播传输方式；②逐渐加长间隔时间的重传机制；③GOOSE 报文携带优先级/VLAN 标志；④应用层经表示层后，直接映射到数据链路层；⑤基于数据集传输。

41. 简述 GOOSE 双网冗余通信方法。 【难】

答：（1）发送方和接收方通过双网相连，两个网络同时工作。

（2）GOOSE 报文中，StNum 序号的增加表示传输数据的更新，SqNum 序号的增加表示重传报文的递增，接收方将新接收的报文 StNum 与上一帧进行比较。

（3）若 StNum 大于上一帧报文，则判断为新数据，更新老数据。

（4）若 StNum 等于上一帧报文再将 SqNum 与上一帧进行比较，如果 SqNum 大于等于上一帧，则判断是重传报文而丢弃，如果 SqNum 小于上一帧，则判断发送方是否重启装置，是则更新数据，否则丢弃数据。

（5）若 StNum 小于上一帧报文，则判断发送方是否重启装置，是则更新数据，否则丢弃报文。

（6）在丢弃报文的情况下，判断该网络故障，通过网络切换装置切换到备用网络进行传输。

42. 简述保护装置 GOOSE 报文检修处理机制。 【难】

答：当装置检修压板投入时，装置发送的 GOOSE 报文中的 test 应置位；GOOSE 接收端装置应将接收的 GOOSE 报文中的 test 位与装置自身的检修压板状态进行比较，只有两者一致时才将信号作为有效进行处理或动作，否则丢弃。

43. SV 采样值报文的特点是什么？ 【难】

答：SV 报文采样一般为 4000 点/s，即每周波 80 点，为周期性采样信号，特点是保证传输的实时性和快速性。

（1）合并单元发送给保护测控的采样频率应为 4K/s，SV 报文中每 1 个 APDU 部分配置 1 个 ASDU，发送频率应固定不变；合并单元发送给其他装置的采样频率为 12.8K/s 时，SV 报文中每 1 个 APDU 部分配置 8 个 ASDU。

（2）SV 报文中的采样值数据的样本计数应和实际采样点顺序相对应。样本计数应根据采样频率顺序增加并翻转，不能跳变或越限。

（3）SV 采样值报文 APPID 应在 4000-7FFF 范围内配置。

（4）电压采样值为 32 位整型，1LSB＝10mV，电流采样值为 32 位整型，1LSB＝1mA。

44. 基于 IEC 61850-9-2 的插值再采样同步必须具备哪几个基本条件？ 【难】

答：（1）一次被测值发生到采样值报文开始传输的延时稳定。

（2）报文的发送、传输和接受处理的抖动延时小于 $10\mu s$。

（3）间隔层设备能精确记录采样值接收时间。

（4）通信规约符合 IEC 61850-9-2，满足互操作性要求。

（5）报文数据集中增加互感器采样延时数据。

45. 请论述 IEC 61850 MMS 站控层的遥控类型。 【难】

答：遥控类型主要有加强型控制和普通控制两大类，其中加强型控制需要对控制的结果进行校验，以判断执行过程是否成功；普通控制不需要校验执行结果，控制过程随着执行的结束而结束。

加强型控制又分为带预置和不带预置两种类型，即加强型选择控制、加强型直控；普通控制也分为带预置和不带预置两种类型，即选择型控制、选择型直控。

四种控制方式中以加强型选择控制用得最多，多用于对执行过程要求较高的场合，例如断路器及隔离开关遥控、保护软压板遥控等；另外在一些要求快速执行，不要进行任何校验的场合会选用直控，直接对控制对象进行控制，一步执行完毕即控制结束，例如保护装置及智能终端的远程复归遥控、档位升降、急停遥控等。

第二节 工 程 理 论

1. 电力设备由一种运行方式转为另一种运行方式的操作过程中，对保护有什么要求？ 【易】

答：电力设备由一种运行方式转为另一种运行方式的操作过程中，被操作的有关设备均应在保护范围内，部分保护装置可短时失去选择性。

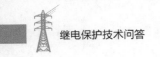

2. 常规差动保护用什么方法来获得幅值平衡、相位平衡?【易】

答：（1）主要用选择电流互感器变比来获得电流幅值平衡，其次用选取继电器平衡线圈或调节平衡回路来满足幅值平衡。

（2）选择电流互感器二次接线方式来获得相位平衡。

3. 检修中遇有哪些情况应填用二次工作安全措施票?【易】

答：检修中遇有下列情况应填用二次工作安全措施票：①在运行设备的二次回路上进行拆、接线工作；②在对检修设备执行隔离措施时，需拆断、短接和恢复同运行设备有联系的二次回路工作。

4. 电流速断保护的整定原则是什么?【易】

答：电流速断保护的整定原则是按照本线路末端母线短路的最大短路电流整定，以保证相邻下一级出线故障时，不越级动作。

5. 电流互感器二次额定电流为 1A 和 5A 有何区别?【易】

答：采用 1A 的电流互感器比 5A 的匝数大 5 倍，二次绕组匝数大 5 倍，开路电压高、内阻大、励磁电流小。但采用 1A 的电流互感器可大幅度降低电缆中的有功损耗，在相同条件下，可增加电流回路电缆的长度。在相同的电缆长度和截面时，功耗减小 25 倍，因此电缆截面可以减小。

6. 某 220kV 电流互感器准确级为 10P20，请说明其含义。【易】

答：电流互感器准确级为 10P20，表示电流互感器在一次流过 20 倍短路电流时，其综合误差不得超过 10%。

7. 电压互感器的二次回路为什么必须接地?【易】

答：因为电压互感器在运行中，一次绕组处于高电压，二次绕组处于低电压。如果电压互感器的一、二次绕组间出现漏电或电击穿，一次侧的高电压将直接进入二次侧绕组，危及人身和设备安全。因此，为了保证人身和设备的安全，要求除了将电压互感器的外壳接地外，还必须将二次侧的一端可靠地进行接地。

8. 简述重合闸充电逻辑。【易】

答：重合闸充电逻辑为：①断路器在"合闸"位置，即 TWJ＝0；②重合闸启动回路不动作；③没有低气压闭锁重合闸或其他闭锁开入；④重合闸不在停用位置；⑤没有三跳开入；⑥失灵保护、死区保护、充电保护、三相不一致等都未动作。

9. 简述重合闸放电逻辑。【易】

答：重合闸放电逻辑为：①重合闸停用；②重合闸单重方式下保护动作三跳或断开三相；③三跳开入；④Ⅰ线或Ⅱ线同时或先后（在同一个重合闸周期内）启动重合闸；⑤重合闸启动过程中，收到相邻断路器合闸信号后又收到保护动作信号，则认为相邻断路器先合到永久性故障；⑥收到外部闭重开入（手跳、永跳、操作箱失电等）；⑦启动前，收到低气压闭重，经 200ms 延时后"放电"；⑧失灵、死区、三相不一致、充电等保护动作同时"放电"；⑨重合闸出口命令发出同时"放电"；⑩重合闸充电未满，TWJ＝1 或有保护启动重合闸信号等开入。

10. 什么是不对应启动重合闸？ 说明其作用。【易】

答：不对应启动重合闸即为控制开关位置与断路器位置不一致。实现开关非手动跳闸时启动重合闸。

11. 合后继电器 （KKJ 或 HHJ） 的作用是什么？【易】

答：合后继电器（KKJ 或 HHJ）的作用是：①开关位置不对应启动重合闸；②手跳闭锁重合闸；③手跳闭锁备自投；④开关位置不对应产生事故总信号。

12. 简述 35kV 母联备用电源自投的主要充电条件和动作过程。【易】

答：充电条件：Ⅰ、Ⅱ段母线三相均有压，母联断路器在分位，工作电源断路器1QF、2QF 在合位，经延时 10～15s 完成充电。

动作条件：Ⅰ（Ⅱ）段母线三相均无压，1 号（2 号）工作电源无流，经整定延时跳 1 号（2 号）工作电源断路器，确认断路器跳开后，经短延时或程序固化时间合上母分断路器 3QF。

13. 保护装置时钟和时钟同步的要求是什么？【易】

答：（1）保护装置应设硬件时钟电路，装置失去直流电源时，硬件时钟应能正常工作。

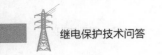

（2）保护装置应配置与外部授时源的对时接口。

14. 保护屏的反措接地要求具体包含哪些内容？ 【易】

答：保护屏的接地端子应用截面积不小于 $4mm^2$ 的多股铜线与屏柜内接地铜排直接连通；屏柜内接地铜排应该用截面积不小于 $50mm^2$ 的铜缆与保护室内的等电位接地网相连。

15. 为什么交直流回路不可以共用一条电缆？ 【易】

答：（1）交直流回路都是独立系统。直流回路是绝缘系统而交流回路是接地系统，若共用一条电缆，两者之间一旦发生短路就造成直流接地，同时影响了交、直流两个系统。

（2）容易互相干扰，还有可能降低直流回路的绝缘电阻。

所以交直流回路不能共用一条电缆。

16. 蓄电池 100％容量充放电校核过程中有哪些注意事项？ 【易】

答：放电过程中要密切注意记录每一只电池的端电压，确保放电过程中不低于 1.8V。一旦端电压低于 1.8V，即使 10h 放电容量达不到，也应立即停止放电，以免造成蓄电池过放。

17. 简述在故障录波装置的统计评价中录波完好的标准。 【易】

答：录波完好的标准是：①故障录波记录时间与故障时间吻合；②数据准确，波形清晰完整，标记正确；③开关量清楚，与故障过程相符。

18. 系统最长振荡周期一般按多少考虑？ 【易】

答：除预定解列点外，不允许保护装置在系统振荡时误动作跳闸。如果没有本电网的具体数据，除大区系统间的弱联系联络线外，系统最长振荡周期一般按 1.5s 考虑。

19. 投入或经更改的电流回路应利用负荷电流进行哪些检验？ 【中】

答：投入或经更改的电流回路应利用负荷电流进行的检验有：①测量每相及零序回路的电流值；②测量各相电流的极性及相序是否正确；③定（核）相；④对接有差动保护或电流保护相序滤过器的回路，测量有关不平衡值。

20. 简述电流互感器的 P1 统一指向性的重要意义。【中】

答：电流互感器的 P1 统一性可以使设计标准化，线路保护、母线保护的电流互感器二次组别在原理图上的标号应统一清晰。

对新安装或设备回路经较大变动的装置，在投入运行之前，必须用一次电流和工作电压加以验证，判定带方向的线路保护、电流差动保护接到保护回路中的各组电流回路的相对极性关系及变比是否正确。

如果电流互感器的 P1 指向断路器的中心，电流互感器二次的极性由于电流互感器位置不同，各组电流互感器二次输出 S1 失去以各自母线为基准的原则，对于维护和检修工作不利。

21. 为什么要关注主设备保护的电流互感器暂态特性的问题？【中】

答：（1）机组容量大，输电电压高，使得系统的时间常数变大，从而故障的暂态持续时间延长。

（2）要求主保护动作时间愈来愈快。

综合上述情况，主保护的动作行为是在故障的暂态过程中完成的。由此可见，暂态特性成了重要问题，特别是当重合于永久故障时，第一次的暂态过程尚未结束，第二次故障的暂态过程又出现了，所以对电流互感器的暂态特性必须加以关注。

22. 与 P 型电流互感器相比，TPY 型电流互感器的优点有哪些？【中】

答：TPY 型电流互感器具有的优点为：①不传变非周期分量电流；②电流互感器饱和时的一次电流在同样情况下要大得多，即不易饱和；③剩磁小；④当电流互感器一次电流使电流互感器饱和时，在同样情况下饱和时间长。

23. 当继电保护用电流互感器误差超过 10％不能满足要求时，应采取哪些措施？【中】

答：当电流互感器误差不满足要求时，可采取以下措施：

（1）增加控制电缆的截面，因为大多数情况下，电流互感器的负载主要是由控制电缆的电阻决定的。

（2）将电流互感器一次绕组由串联改为并联使用。

（3）在条件允许时选用较大的变比。

（4）将同变比的两个电流互感器保护级的二次绕组串联使用。

24. 某 220kV 线路、母联、主变压器间隔电流互感器单侧配置时，当断路器与电流互感器之间死区发生故障，分别由哪些保护动作切除故障？【中】

答：（1）220kV 线路死区故障时，母差保护动作切除所在母线，同时远跳线路对侧开关。

（2）220kV 母联合位死区故障时，母差保护先动作切除另一侧母线，母联跳开后死区保护延时 150ms 动作切除剩余母线；母联分位时，母差保护死区逻辑封母联间隔电流，死区故障时只切除故障母线。

（3）220kV 主变压器死区故障时，母差保护动作切除所在母线，并向主变压器保护送失灵联跳命令，主变压器保护判过流后延时 50ms 跳各侧。

25. 新六统一线路差动保护、母差保护、主变压器差动保护检测出电流互感器断线后分别如何处理（闭锁保护）？【中】

答：处理措施分别为：

（1）线路保护有"TA 断线是否闭锁差动"控制字，控制字投入时闭锁断线相差动；控制字退出时不闭锁差动，差动动作值改用"TA 断线差动定值"。

（2）母差保护电流互感器断线时，若为母联支路 TA 断线，母差改为动作瞬时跳母联，延时跳其他支路；若为其他支路电流互感器断线则直接闭锁断线相差动。

（3）主变压器差动保护有"TA 断线闭锁差动"控制字，控制字投入时闭锁差动（差动电流小于 1.2 倍的变压器额定电流时），差动电流大于 1.2 倍额定时仍然开放差动；控制字退出时不闭锁差动保护。

26. 小接地电流系统发生单相接地故障时，其电流、电压有何特点？【中】

答：（1）电压：在接地故障点，故障相对地电压为零；非故障相对地电压升高至线电压；三个相间电压的大小与相位不变；零序电压大小等于相电压。

（2）电流：非故障线路 $3I_0$ 值等于本线路电容电流；故障线路 $3I_0$ 等于所有非故障线路电容电流之和；接地故障点的 $3I_0$ 等于全系统电容电流之总和。

（3）相位：故障线路零序电流滞后零序电压 90°；非故障线路接地故障点的

$3I_0$ 超前零序电压 $3U_0$ 约 $90°$。

27. 电压互感器的接线方式有哪些？【中】

答：电压互感器的接线方式为：

（1）一个单相电压互感器接于两相间，用于测量线电压和供仪表、继电保护装置用。

（2）两个单相电压互感器接成 Vv 接线，供只需要线电压的仪表、继电保护装置用。

（3）三个单相电压互感器接成 Y0y0 接线。

（4）三个单相三绕组电压互感器或一个三相五柱式电压互感器接成 Y0y0d（开口三角形）。

28. 为什么要限制电压互感器的二次负荷？ 应如何选择电压互感器二次熔丝 （或快分开关）？【中】

答：（1）电压互感器的准确等级是根据相对一定的负荷确定的，增加电压互感器的二次负荷，二次电压会降低，其测量误差增大；同时增加负荷会使电压互感器至控制室的二次电缆压降也相应增大。

（2）一般电压互感器的二次侧熔丝（快分开关）应按最大负荷电流的 1.5 倍选择。

29. 为了防止电压互感器三相熔断器 （三相快分开关） 熔断时， 断线闭锁 DBJ 不能动作， 常在一相熔断器 （或一相快分开关） 上并接一个电容， 其电容量的选择应如何考虑？【中】

答：（1）应满足在电压互感器带最大负荷下，三相熔丝或小开关均断开时，以及在带最小负荷而所并联电容的一相断开时，保证断线闭锁继电器线圈上的端电压不小于其动作电压的 2 倍左右。

（2）同时在三相断线的情况下，不得发生电容和电感的自激而使测量、保护电压回路出现过电压。

30. 影响阻抗继电器正确测量的因素有哪些？【中】

答：影响阻抗继电器正确测量的因素有：①故障点的过渡电阻；②保护安装处与故障点之间的助增电流和汲出电流；③测量互感器的误差；④电力系统

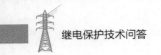

振荡；⑤电压二次回路断线；⑥被保护线路的串联补偿电容器。

31. 简述三相三柱式变压器与三相五柱式变压器的零序阻抗的主要区别。【中】

答：三相三柱式变压器零序磁通无法在铁芯内流通，将流经变压器外壳，因此不能将零序励磁阻抗视为无穷大，可等效为第四绕组（△接线），零序阻抗小于正序阻抗。

三相五柱式变压器零序磁通始终在铁芯内流通，因此可将零序励磁阻抗视为无穷大，零序阻抗等于正序阻抗。

32. 简述直流接地的原因及处理原则。【中】

答：直流接地一般由以下情况引起：①潮湿、锈蚀等物理化学原因引起的绝缘老化、破损；②户外隔离开关机构箱内辅助触点引起的直流接地；③二次回路直流接地；④屏顶小母线积灰引起的绝缘下降；⑤滤波电容引起接地；⑥直流系统本身引起的直流接地；⑦直流串电引起的直流接地；⑧电源插件瞬时性接地。

处理原则：

（1）一般先根据直流接地选线装置的选线情况进行有针对性的检查。但当接地回路存在环路时，接地选线装置会报两条以上支路接地，这时必须查清环路再检查接地。

（2）拉路查找时应根据先信号后保护、控制回路的原则进行，同时结合天气情况判断可能的位置，雨天时先室外、后室内。直流接地一般采用便携式直流接地检测仪查找为主，辅之以拉路的方法。

33. 系统运行方式变化时，对过电流及低电压保护有何影响？【中】

答：电流保护在运行方式变小时，保护范围会缩小，甚至变得无保护范围；电压保护在运行方式变大时，保护范围会缩短，但不可能无保护范围。

34. 电力系统的调压措施有哪几种？【中】

答：调整负荷端的电压，可采用如下措施：①改变发电机的励磁电流，从而改变发电机的机端电压；②改变升、降压变压器的变比；③改变网络无功功率的分布；④改变网络的参数 R、X。

35. 对电流互感器做伏安特性试验的目的是什么？ 试验时应注意什么？
【难】

答：伏安特性试验的目的是了解电流互感器本身的磁饱和状况，应符合要求。伏安特性试验是发现线匝、层间短路的有效方法，特别是当二次绕组短路圈数很少时效果更加显著。

试验时应注意：

（1）在测量电流互感器伏安特性的全过程中，不允许在升压中途降压，要求试验电压稳定不得中断电流。

（2）有的电流互感器由于剩磁的影响致使伏安特性改变。此时，应将试验电压先升到最高值再逐渐降低，以进行去磁。如一次效果不大，可进行多次，然后恢复。

（3）应使用线电压以减少电源谐波分量带来的测量误差。

（4）测量点应足够多，以画出平滑曲线。

36. 什么叫电压互感器反充电？ 对保护装置有什么影响？ 阐述一个现场与防止电压互感器二次反充电有关的回路及作用。 【难】

答：通过电压互感器二次侧向不带电的母线充电称为反充电。

如 220kV 电压互感器，变比为 2200，停电的一次母线即使未接地，其阻抗（包括母线电容及绝缘电阻）虽然较大，假定为 $1M\Omega$，但从电压互感器二次测看到的阻抗只有 $1000000/(2200)^2 = 0.2\Omega$，近乎短路，故反充电电流较大（反充电电流主要取决于电缆电阻及两个电压互感器的漏抗），将造成运行中电压互感器二次侧小开关跳开或熔断器熔断，使运行中的保护装置失去电压，可能造成保护装置的误动或拒动。

现场与防止电压互感器二次反充电有关回路及作用：

（1）用隔离开关辅助触点控制的电压切换继电器，应有一对电压切换继电器触点作为监视母线二次电压是否正常的中央告警信号；电压切换继电器在隔离开关双跨时，或两切换继电器同时动作（隔离开关辅助触点切换不良等情况下）时，应有告警信号。

（2）双母线的电压互感器二次并列回路中串入母联断路器动合辅助触点，

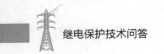

当母联断路器断开时，自动解除电压互感器二次并列回路。

37. 简述突变量继电器与常规继电器的不同之处。【难】

答：突变量继电器与常规继电器的不同之处为：①突变量保护与故障的初相角有关，因而继电器的启动值离散较大，动作时间也有离散；②突变量继电器在短暂动作后仍需保持到故障切除；③突变量保护在故障切除时会再次动作；④在进入正常稳定状态时再次返回。

38. 试对零序方向继电器的性能进行评判。【难】

答：（1）正方向短路和反方向短路时零序电压和零序电流的夹角截然相反，动作边界十分清晰，因此性能良好，有良好的方向性。

（2）继电器的动作行为与负荷电流无关，与过渡电阻大小无关。

（3）系统振荡时不会误动作。

（4）非全相运行期间，在简化成双侧系统的零序序网图中，从保护用的电压互感器安装处向两端观察，如果反方向没有电源，且它的零序综合阻抗又是感性的，那么零序方向继电器判为正方向短路；如果正方向没有电源，且它的零序综合阻抗又是感性的，那么零序方向继电器判为反方向短路；如果从电压互感器安装处向两端观察，两端都有电源，那么要根据具体系统参数分析零序方向继电器的动作行为。

（5）在有串补电容的线路上要对零序电压进行补偿，零序方向继电器可以正确判断短路方向。

（6）零序方向继电器只能保护接地故障，对两相不接地短路和三相短路无保护作用。

（7）在同杆并架的两条线路上，有可能造成非故障线路的纵联零序方向保护误动。

39. 大短路电流接地系统中为什么要单独装设零序保护？【难】

答：在大短路电流接地系统中发生接地故障后，就有零序电流、零序电压和零序功率出现，利用这些电量构成保护接地短路故障的保护统称为零序保护。三相星形接线的过电流保护虽然也能保护接地短路故障，但其灵敏度较低，保护时限较长。采用零序保护就可克服此不足。这是因为：

（1）系统正常运行和发生相间短路时，不会出现零序电流和零序电压，因此零序保护的动作电流可以整定得较小，这有利于提高其灵敏度。

（2）丫/△接线的降压变压器，三角形绕组侧以后的故障不会在星形绕组侧反映出零序电流，所以零序保护的动作时限可以不必与该种变压器以后的线路保护相配合而取较短的动作时限。

（3）解决大过渡电阻接地时，其他保护灵敏度不足的问题。

40. 中性点经消弧线圈接地系统为什么普遍采用过补偿运行方式？　【难】

答：中性点经消弧线圈接地系统采用全补偿运行方式时，无论不对称电压的大小如何，都将因发生串联谐振而使消弧线圈感受到很高的电压。因此，要避免全补偿运行方式的发生，而采用过补偿运行方式或欠补偿运行方式。实际上一般都采用过补偿运行方式，其主要原因为：

（1）欠补偿电网发生故障时，容易出现数值很大的过电压。例如，当电网中因故障或其他原因而切除部分线路后，在欠补偿电网中就可能形成全补偿运行方式而造成串联谐振，从而引起很高的中性点位移电压与过电压，在欠补偿电网中也会出现很大的中性点位移而危及绝缘。只要采用欠补偿运行方式，这一缺点是无法避免的。

（2）欠补偿电网在正常运行时，如果三相不对称度较大，还有可能出现数值很大的铁磁谐振过电压。这种过电压是因欠补偿的消弧线圈和线路电容发生铁磁谐振而引起。如采用过补偿运行方式，就不会出现这种铁磁谐振现象。

（3）电力系统往往是不断发展和扩大的，电网的对地电容亦将随之增大。如果采用过补偿，原来的消弧线圈仍可以继续使用一段时期，至多是由过补偿转变为欠补偿运行；但如果原来就采用欠补偿运行方式，则系统一有发展就必须立即增加补偿容量。

（4）由于过补偿时流过接地点的是电感电流，熄弧后故障相电压恢复速度较慢，因而接地电弧不易重燃。

（5）采用过补偿运行方式时，系统频率的降低只是使过补偿度暂时增大，这在正常运行时是毫无问题的；反之，如果采用欠补偿运行方式，系统频率的降低将使之接近于全补偿运行方式，从而引起中性点位移电压的增大。

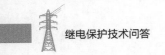

41. 电磁环网对电网运行有何弊端？【难】

答：电磁环网是指不同电压等级运行的线路，通过变压器电磁回路的连接而构成的环路。电磁环网对电网运行主要有下列弊端：

（1）易造成系统热稳定破坏。如果主要的负荷中心用高低压电磁环网供电，当高一级电压线路断开后，则所有的负荷通过低一级电压线路送出，容易出现导线热稳定电流问题。

（2）易造成系统稳定破坏。正常情况下，两侧系统间的联系阻抗将略小于高压线路的阻抗。当高压线路因故障断开，则最新系统阻抗将显著增大，易超过该联络线的暂态稳定极限而发生系统振荡。

（3）不利于经济运行。由于不同电压等级线路的自然功率值相差极大，因此系统潮流分配难以最经济。

（4）需要架设高压线路，因故障停运后联锁切机、切负荷等安全自动装置，而这种安全自动装置的拒动、误动影响电网的安全运行。

一般情况下，往往在高一级电压线路投入运行初期，由于高一级电压网络尚未形成或网络尚薄弱，需要保证输电能力或为保重要负荷而不得不采用电磁环网运行。

42. 简述现阶段智能变电站建设的主要技术特点。【易】

答：（1）采用"一次设备＋智能终端＋传感器"模式实现一次设备智能化，实现对一次设备的在线监测和状态检修。

（2）采用"常规互感器＋合并单元"模式实现信息采集数字化，部分变电站采用了电子式互感器。

（3）变电站自动化系统采用"三层两网"结构，采用直采直跳方案。

（4）对少量二次设备进行优化整合，如在 110kV 电压等级采用保护测控一体化集成装置。

（5）配置顺序控制、智能告警与分析等高级应用功能。

43. 智能化变电站装置应提供哪些反映本身健康状态的信息？【易】

答：（1）该装置订阅的所有 GOOSE 报文通信情况，包括链路是否正常（如果是多个接口接收 GOOSE 报文的是否存在网络风暴），接收到的 GOOSE 报文配置及内容是否有误等。

（2）该装置订阅的所有 SV 报文通信情况，包括链路是否正常、接收到的 SV 报文配置及内容是否有误等。

（3）该装置自身软、硬件运行情况是否正常。

44. 简述智能化保护软压板的分类。【易】

答：软压板的设置可分为以下几类：

（1）保护功能投退软压板：实现某保护功能的完整投入或退出。

（2）定值控制软状态：标记定值、软压板的远方控制模式，如定值切换、修改等操作。

（3）SV 接收软压板：本端是否接收处理合并单元采样数据。

（4）信号复归控制：信号远方复归功能。

（5）GOOSE 软压板：实现保护装置动作输出的跳合闸信号隔离。所有保护出口端设置 GOOSE 出口软压板，母差保护失灵开入接收端增设 GOOSE 开入软压板。

（6）其他软压板：该部分压板设置有利于系统调试、故障隔离，如母差接入闸刀位置强制软压板。

45. 为什么智能变电站软压板不再作为定值整定？【易】

答：在智能变电站中，软压板整合了传统变电站的功能软压板和出口软压板，软压板的设置应满足保护功能之间交换信号隔离的需要，检修人员及运行人员的日常工作中均会涉及修改软压板，所以不再把软压板作为定值进行管理。

46. 简述 GOOSE 开入软压板设置原则。【易】

答：GOOSE 开入软压板除双母线和单母线接线启失灵、失灵联跳开入软压板设在接收端外，其余都可以设置在发送端。

47. 智能变电站过程层 SV、GOOSE 报文为什么采用组播报文形式？【易】

答：SV、GOOSE 报文是在链路层之上的局域网络通信报文，为了防止网络风暴不能采用广播形式报文。另外 SV、GOOSE 均是多个装置的共享数据，因此需要将报文设置为组播报文。

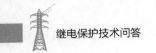

48. 简述智能变电站 SCD 文件 GOOSE 通信参数中 MAC-Address、 APPID 的配置规则。【易】

答：（1）目的 MAC-Address、APPID 等 GOOSE 通信参数应全站唯一；

（2）目的 MAC-Address 为 12 位 16 进制值，其范围为：0x01-0C-CD-01-00-00～0x01-0C-CD-01-01-FF；

（3）规定以目的 MAC-Address 作为 APPID 配置的基础；

（4）APPID 为 4 位 16 进制值，其范围为：0x1000～0x1FFF。

49. 简述 SV 检修机制。【中】

答：SV 检修机制为：

（1）当合并单元装置检修压板投入时，发送采样值报文中采样值数据品质的 Test 位应置 True。

（2）SV 接收端装置应将接收的 SV 报文中的 test 位与装置自身的检修压板状态进行比较，只有两者一致时才将该信号用于保护逻辑，否则应按相关通道采样异常进行处理。

（3）对于多路 SV 输入的保护装置，一个 SV 接收软压板退出时应退出该路采样值，该 SV 中断或检修均不影响本装置运行。

50. 简述 GOOSE 发送机制。【难】

答：GOOSE 发送机制为：

（1）装置上电时 GOCB 自动使能，待本装置所有状态确定后，按数据集变位方式发送一次，将自身的 GOOSE 信息初始状态迅速告知接收方。

（2）GOOSE 报文变位后立即补发的时间间隔应为 GOOSE 网络通信参数中的 MinTime 参数（即 T_1）。

（3）GOOSE 报文中"timeAllowedtoLive"参数应为"MaxTime"配置参数的 2 倍（即 $2T_0$）。

（4）采用双重化 GOOSE 通信方式的两个 GOOSE 网口报文应同时发送，除源 MAC 地址外，报文内容应完全一致，系统配置时不必体现物理网口差异。

（5）采用直接跳闸方式的所有 GOOSE 网口同一组报文应同时发送，除源 MAC 地址外，报文内容应完全一致，系统配置时不必体现物理网口差异。

51. GOOSE 报文在智能变电站中主要用以传输哪些实时数据？【中】

答：GOOSE 报文在智能变电站中主要用于传输：①保护装置的跳、合闸命令；②测控装置的遥控命令；③保护装置间信息（启动失灵、闭锁重合闸、远跳等）；④一次设备的遥信信号（断路器、隔离开关位置、压力等）；⑤站控层网络内/间隔层设备间的联闭锁信息。

52. 逻辑节点 LLN0 里可以包含哪些内容？【难】

答：逻辑节点 LLN0 包含：①数据集（Data Set）；②报告控制块（Report Control）；③GOOSE 控制块（GSE Control）；④SMV 控制块（SMV Control）；⑤定值控制块（Setting Control）。

53. 简述报告服务中的各类触发条件 dchg、 qchg、 dupd、 Integrity、 GI 的含义。【难】

答：（1）dchg：数据值变化触发报告上送。

（2）qchg：品质属性变化引起的报告上送。

（3）dupd：数据值刷新引起的报告上送。

（4）Integrity：数据周期上送标识。

（5）GI：总召唤上送。

第三节　工　程　实　践

1. 何谓小电流接地系统？试述小接地电流系统单相接地时的特点，当发生单相接地时，为什么可以继续运行 1～2h？【易】

答：小电流接地系统是指中性点不接地或经过消弧线圈和高阻抗接地的三相系统，又称中性点间接接地系统。当某一相发生接地故障时，由于不能构成短路回路，接地故障电流往往比负荷电流小得多，所以这种系统被称为"小电流接地系统"。

小电流接地系统单相接地的特点为：

（1）非故障线路 $3I_0$ 的大小等于本线路的接地电容电流；故障线路 $3I_0$ 的大小等于所有非故障线路的 $3I_0$ 之和，也就是所有非故障线路的接地电容电流

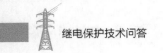

之和。

（2）非故障线路的零序电流超前零序电压 90°；故障线路的零序电流滞后零序电压约 90°。故障线路的零序电流与非故障线路的零序电流相位相差 180°。

（3）接地故障处的电流大小等于所有线路的接地电容电流的总和，并滞后零序电压 90°。

小电流接地系统中单相接地故障是一种常见的临时性故障，当该故障发生时，由于故障点的电流很小，且三相之间的线电压仍保持对称，对负荷设备的供电没有影响，所以允许系统内的设备短时运行，一般情况下可运行 1～2h 而不必跳闸，从而提高了供电的可靠性。但一相发生接地，导致其他两相的对地电压升高为相电压的数倍，这样会对设备的绝缘造成威胁，若不及时处理可能会发展为绝缘破坏、两相短路，弧光放电，引起系统过电压。

2. 什么是工作接地？ 什么是保护接地？ 并举例说明。【易】

答：工作接地是指在正常或事故情况下，为保证电气设备适当的运行方式而必须在电网上某一点进行的接地。工作接地是出于对工作的需要所执行的一种接地方式，例如：发电机中性点接地，变压器中性点接地等。

保护接地是指出于对人身安全的保护而采取的一种措施，一般是指将电气设备不带电的金属外壳、设备支架、TA/TV 二次回路中性点等与接地装置用导体做良好连接。

3. 什么是家族性缺陷？ 其检修原则是什么？ 【易】

答：家族性缺陷是指经确认由设计、材质、工艺共性因素导致的设备缺陷。

具有家族性缺陷设备的检修原则如下：

（1）发生某一类有家族性缺陷时，该家族其他设备应安排普查或者进行诊断性试验。

（2）对于未消除家族性缺陷的设备，应根据其评价结果重新修正检修周期。

4. 微机保护 CPU 插件更新后应做哪些试验方能投入运行？ 【易】

答：应按电力行业《微机保护检验规程》的规定，应进行程序 CRC 码检查、保护定值校验及保护功能检验后方可投入运行。

5. 说明可能造成光纤保护的光纤通道异常报警的主要原因。【易】

答：光纤保护的光纤通道异常报警，可能存在的问题为：①光缆断芯；②尾纤断芯；③瓷接头衰耗过大；④保护插件激光头损坏。

6. 为提高继电保护装置的抗干扰能力，应采取哪些措施？【易】

答：提高抗干扰能力，通常采用的措施为：①降低干扰源的电压水平及能量，从而降低干扰所造成的影响；②抵御干扰信号的侵入（减少侵入途径或降低侵入能量）；③提高设备本身的抗干扰能力。

7. 变电站运行中电压互感器常见的异常现象有哪些？【中】

答：电压互感器常见的异常现象有：①本体、引线接头过热；②内部声音异常或有放电声；③本体渗漏油，油位过低；④互感器喷油、流胶或外壳开裂变形；⑤内部发出焦臭味、冒烟、着火；⑥套管破裂、放电、引线与外壳之间有火花；⑦二次空气开关连续跳开或熔断器连续熔断；⑧高压侧熔断器熔断；⑨二次输出电压波动或异常；⑩铁磁谐振。

8. 为什么500kV系统线路保护采用TPY型电流互感器？【中】

答：（1）500kV系统的时间常数为80～200ms，系统时间常数增大，导致短路电流非周期分量的衰减时间加长，短路电流的暂态持续时间加长。

（2）系统的短路容量大，短路电流的幅值也大。

（3）500kV系统稳定要求主保护动作时间一般在20ms左右，总的切除故障时间小于100ms，系统的主保护是在故障的暂态过程中动作的。

（4）TPY型电流互感器铁芯设置一定的非磁性间隙，限制了剩磁。

9. 在带电的电流互感器二次回路上工作时，应采取哪些安全措施？【中】

答：在带电的电流互感器二次回路上工作时，应采取的安全措施有：①严禁将电流互感器二次侧开路；②短路电流互感器二次绕组，必须使用短路片或短路线，短路应妥善可靠，严禁用导线缠绕；③严禁在电流互感器与短路端子之间的回路上和导线上进行任何工作；④工作必须认真、谨慎，不得将回路的永久接地点断开；⑤工作时，必须有专人监护，使用绝缘工具，并站在绝缘垫上。

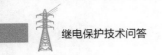

10. 电流互感器的二次负荷包括哪些？【中】

答：电流互感器的二次负荷包括：①表计和继电器电流线圈的电阻；②接线电阻；③二次电流电缆回路电阻；④连接点的接触电阻。

11. 运行中电流互感器二次侧为什么不允许开路？如何防止运行中的电流互感器二次侧开路？【中】

答：运行中电流互感器二次绕组不允许开路，否则会在开路的两端产生高压电危及人身设备安全，或使电流互感器严重发热。

运行中，当需要检修、校验二次仪表时，必须先将电流互感器二次绕组或回路短接，再进行拆卸操作，二次设备修好后，应先将所接仪表接入，而后再拆二次绕组的短接导线。

12. 说出至少五种需要闭锁重合闸的情况。【中】

答：（1）停用重合闸时，直接闭锁重合闸。

（2）手动跳闸时，直接闭锁重合闸。

（3）母差保护动作闭锁重合闸。

（4）在使用单相重合闸方式时，保护三跳闭锁重合闸。

（5）断路器气压或液压降低到不允许重合时，闭锁重合闸。

（6）重合于永久性故障时，闭锁重合闸。

（7）后备保护（三段保护）动作，闭锁重合闸。

（8）失灵保护动作，闭锁重合闸。

13. 简述保护装置录波与故障录波装置的区别。【中】

答：保护装置录波与故障录波装置主要有以下区别：

（1）作用不同。保护装置的首要任务是在系统发生故障时能快速可靠切除故障，记录量单一且记录长度有限；故障录波装置记录系统大扰动（短路、振荡、频率崩溃、电压崩溃等）发生后有关系统电气量的变化过程及保护动作行为。

（2）采样频率不同步。保护装置各电气量在进入保护装置用于计算前要滤波，因此保护装置的故障波形已不是真实波形，毛刺少、波形光滑，采样频率一般为 1.2～2.4kHz；故障录波装置真实反映系统的动态变化过程，力求真实，一般不经特殊滤波处理，采样频率一般为 3.2～5kHz。

14. 简述故障录波器的配置原则。【中】

答：故障录波器的配置原则为：

（1）220kV 变电站内宜按电压等级配置，主变压器三侧应统一记录在同一面故障录波装置中。

（2）在分散布置的变电站内，按保护小室配置故障录波器装置，不跨小室接线，适当考虑远景需要。

（3）每套故障录波器的录波配置宜为 64 路模拟量，128 路开关量。

（4）故障录波装置应具备单独组网功能，并具备完善的分析和通信管理功能，通过以太网与保护和故障信息子站系统通信，录波信息可以通过子站远传至各级调度。

15. 简述保信子站的配置原则。【中】

答：按变电站远景规模宜配置一套保护及故障信息管理系统子站，也可采用监控系统配置的故障信息转发装置采集保护及故障信息。保护及故障信息管理子站支持 DL/T 860.3 变电站内通信网络和系统总体要求标准，通过防火墙接入站控层网络收集各保护装置的信息，并通过调度数据网接入调度保护信息管理系统。故障录波器单独组网，接入保护信息子站。

16. 在编写变电站故障跳闸报告时，应注意哪些事项？【中】

答：编写故障跳闸报告应注意：①记录变电站运行方式、当时天气情况；②真实记录保护装置、操作箱、断路器动作信号；③打印保护装置、故障录波装置报告，调取电子录波文件；④根据动作情况、保护定值判断动作行为是否正确，如不正确，查明原因并整改；⑤按规定格式要求进行上报。

17. 对 110kV 线路保护做通流试验，从端子排同时给 A、B、C 三相分别通入 $I_a=1A\angle0°$，$I_b=2A\angle0°$，$I_c=3A\angle0°$，该线路保护采样显示为 $I_a=1A\angle0°$，$I_b=2A\angle0°$，$I_c=1.7A\angle0°$，$I_0=4.7A\angle0°$，请根据数据分析回路接线是否正确。【中】

答：根据试验数据，可判断为回路接线存在错误。结合相量图可判断为 C

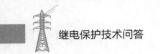

相电流端子首端与外接零序电流端子尾端有短接现象，将流入保护装置 C 相的电流分流。

18. 说明备用电源自投（备自投）装置动作后先切除工作电源，再投入备用电源的原因。备用电源自投装置切除工作电源的最短延时应如何考虑？【中】

答：备自投装置启动到达延时后先跳开工作电源，确认所跳断路器跳位后，备自投装置再合上备用电源断路器，这样可防止备自投装置动作后合于故障或备用电源倒送电的情况。

备自投装置切除工作电源延时是为了躲母线电压短暂下降，故备自投装置延时应大于最长的外部故障切除时间（或长于有关保护和重合闸的最长动作时限）。

19. 备用电源自动投入装置应符合什么要求？【中】

答：备用电源自动投入装置应符合的要求为：①应保证在工作电源或设备断开后，才投入备用电源或设备；②工作电源或设备上的电压，不论因何原因消失时，自动投入装置均应动作；③自动投入装置应保证只动作一次。

发电厂用备用电源自动投入装置，除上述规定外，还应符合下列要求：

（1）当一个备用电源同时作为几个工作电源的备用时，如备用电源已代替一个工作电源后，另一工作电源又被断开，必要时，自动投入装置应仍能动作。

（2）有两个备用电源的情况下，当两个备用电源为两个彼此独立的备用系统时，应各装设独立的自动投入装置，当任一备用电源都能作为全厂各工作电源的备用时，自动投入装置应使任一备用电源都能对全厂各工作电源实行自动投入。

（3）在条件可能时，自动投入装置可采用带有检定同期的快速切换方式，也可采用带有母线残压闭锁的慢速切换方式及长延时切换方式。

通常应校验备用电源和备用设备自动投入时过负荷的情况，以及电动机自启动的情况，如过负荷超过允许限度或不能保证自启动时，应有自动投入装置动作于自动减负荷。

当自动投入装置动作时，如备用电源或设备投于故障，应使其保护加速动作。

20. 为防止因直流熔断器不正常熔断而扩大事故，应注意做到哪些方面？【中】

答：为防止因直流熔断器不正常熔断而扩大事故，应注意：

（1）直流总输出回路、直流分路均装设熔断器时，直流熔断器应分级配置，逐级配合。

（2）直流总输出回路装设熔断器，直流分路装设小空气开关时，必须确保熔断器与小空气开关有选择性地配合。

（3）直流总输出回路、直流分路均装设小空气开关时，必须确保上、下级小空气开关有选择性地配合。

（4）为防止因直流熔断器不正常分断或小空气开关失灵而扩大事故，对运行中的熔断器和小空气开关应定期检查，严禁质量不合格的熔断器和小空气开关投入运行。

21. 现场工作中，具备什么条件后才能确认保护装置已经停用？【中】

答：有明显的断开点（打开连接片或接线端子连片等），初步确认在断开点前的保护在停用状态。如果连接片只控制本保护出口跳闸继电器的线圈回路，则必须断开跳闸触点回路才能确认该保护确已停用。对于采用单相重合闸，由连接片控制正电源的三相分相跳闸回路，停用时除断开连接片外，仍需断开各分相跳闸回路的输出端子，才能认为该保护已停用。

22. 为保证插拔光纤后可靠恢复至原始状态，应对光纤如何标识？【中】

答：为保证插拔光纤后可靠恢复至原始状态，应遵循以下原则对光纤进行标识：

（1）尾纤标识应注明起点和终点。

（2）不同屏柜的尾纤应由光缆吊牌进行区分。

（3）在同一屏内的尾纤应从标识上区分不同装置。

（4）同一装置的尾纤应区分不同插件。

（5）同一插件的尾纤应区分不同接口。

（6）为方便检修及运行人员日常维护，标志上可选择简要标明尾纤功能。

23. 简述网络交换机组网的方式，并给出架构建议。【中】

答：网络交换机组网方式主要有总线形、星形、环形三种，其组网原则为：网络交换机组网取代原来的二次接线，对实时性、安全性和可靠性要求很高，并且一个交换机的故障要尽可能减少影响保护的套数。

基于上述要求，总线形网络的可靠性不能满足过程层网络的要求，因为一台交换机故障有可能导致失去多串设备保护。环形网络有产生网络风暴的可能，而且环网中普遍采用快速生成树技术实现网络的冗余，其网络故障恢复的时间是秒级的，在此期间电网发生故障，将延缓电网切除时间，对电网极为不利。所以建设过程层网络使用星形网络架构。

24. 简述 220kV 微机保护用负荷电流和工作电压检验项目的主要内容。【中】

答：220kV 微机保护用负荷电流和工作电压检验项目有：①电流相位、相序；②电压相位、相序；③电压和电流之间的相位的正确性。

25. 保护装置使用工频试验电压为 500V 的回路有哪些？【中】

答：保护装置使用工频试验电压为 500V 的回路有：①直流逻辑回路对地回路；②直流逻辑回路对高压回路；③额定电压为 18～24V 对地回路。

26. 保护装置使用工频试验电压为 1000V 的回路有哪些？【中】

答：工作在 110V 或 220V 直流电路的各对触点对地回路，各对触点相互之间，触点的动、静两端之间。

27. 在继电保护设备改造施工中，拆除二次回路旧电缆存在哪些作业危险点？应做好哪些防范措施？【中】

答：拆除二次回路旧电缆时的危险点主要有：①误拆线；②交直流短路或接地；③误跳运行开关；④在运行屏拆除电缆造成误动运行设备；⑤振动造成运行设备不正确的动作。

防范措施包括：

（1）拆除电缆，首先按图纸核对实际电缆编号、走向及回路编号，进行确认。

（2）拆除时应从两端验明确无电压后方可拆除。

（3）对于跳闸、电压互感器等回路应先拆带电电缆带电侧，防止误跳运行开关或造成电压互感器二次回路短路或接地。

（4）对于电流互感器回路，核对电缆编号和回路编号以及端子排位置，用钳形相位表测无电流后，两端同时拆线并核对电缆芯。

（5）防止误动运行设备，在运行屏工作时，应采取可靠的安全措施将运行部分与施工部分隔离。

（6）在运行设备周围工作时，要减轻振动，必要时停运相关保护。

28. 3／2 断路器的接线方式中，短引线保护一般由什么设备的辅助触点控制？【中】

答：在 3/2 断路器的接线方式中，短引线保护由线路侧隔离开关辅助触点控制投入/退出功能，当线路侧隔离开关断开时短引线保护投入。

29. 做电流互感器二次空载伏安特性试验时，除接线和使用仪表正确外，应特别注意什么？【难】

答：整个升压过程要平稳，防止电压摆动，如某一点电压摆动，应均匀降低电压至零，再另行升压，防止因剩磁使电流读数不准。升压至曲线拐点处（即电流互感器开始饱和），应多录取几点数据，便于曲线绘制。

30. 长电缆二次回路对继电保护的影响和防范措施是什么？【中】

答：因为长电缆有较大的对地分布电容，从而使得干扰信号较容易通过长电缆窜入保护装置，严重时可导致保护装置误动作。在微机保护装置中通常对外部侵入干扰有一定的防护措施，而对于出口继电器，则通常采用加大继电器动作功率或延长动作时间的方法抵御外部干扰。

31. 保护采用线路电压互感器时应注意的问题及解决方法是什么？【难】

答：（1）在线路合闸于故障时，在合闸前后电压互感器都无电压输出，姆欧继电器的极化电压的记忆回路将失去作用。为此在合闸时应使姆欧继电器的特性改变为无方向性（在阻抗平面上特性圆包围原点）。

（2）在线路两相运行时断开相电压很小（由健全相通过静电和电磁耦合产生的），但有零序电流存在，导致断开相的接地距离继电器可能持续动作。所以每相距离继电器都应配有该相的电流元件，必须有电流存在（定值很小，不会影响距离元件的灵敏度），该相距离元件的动作才是有效的。

（3）在故障相单相跳闸进入两相运行时，故障相上储存的能量包括该相并联电抗器中的电磁能，在短路消失后不会立即释放完毕，而会在线路电感、分布电容和电抗器的电感间振荡以至逐渐衰减，其振荡频率接近 50Hz，衰减时间

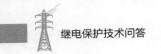

常数相当长，所以两相运行的保护最好不反映断开相的电压。

32. 保护装置应具有哪些抗干扰措施？【难】

答：保护装置应具有的抗干扰措施有：

（1）交流输入回路与电子回路的隔离应采用带有屏蔽层的输入变压器（或变流器、电抗变压器等变换器），屏蔽层要直接接地。

（2）跳闸、信号等外引电路要经过触点过渡或光电耦合器隔离。

（3）发电厂、变电站的直流电源不宜直接与电子回路相连（例如经过逆变换器）。

（4）消除电子回路内部干扰源，例如在小型辅助继电器的线圈两端并联二极管或电阻、电容，以消除线圈断电时所产生的反电动势。

（5）保护装置强弱电回路的配线要隔离。

（6）装置与外部设备相连，应具有一定的屏蔽措施。

33. 330～500kV 中性点直接接地电网中，在继电保护的配置和装置的性能上应考虑哪些问题？【难】

答：330～500kV 中性点直接接地电网中，在继电保护的配置和装置的性能上应考虑以下问题：

（1）直接接地电网中，由于输送功率大，稳定问题严重，要求保护的可靠性及选择性高、动作快。

（2）采用大容量发电机、变压器，线路采用大截面分裂导线及不完全换位所带来的影响。

（3）线路分布电容电流明显增大所带来的影响。

（4）系统一次接线的特点及装设串补电容器和并联电抗器等设备所带来的影响。

（5）采用带气隙的电流互感器和电容式电压互感器后，二次回路的暂态过程及电流、电压传变的暂态过程所带来的影响。

（6）工频信号在长线路上传输时，衰耗较大及通道干扰电平较高所带来的影响。

34. 为了保证继电保护装置的灵敏性，在同一套保护装置中，闭锁、启动等辅助元件的动作灵敏度与所控制的测量等主要元件的动作灵敏度应该是什么关系？【难】

答：应满足闭锁、启动等辅助元件的动作灵敏度应大于所控制的测量元件等主要元件的动作灵敏度。

35. 为什么高频同轴电缆的屏蔽层要两端接地，且需敷设 100mm² 并联接地铜导线？【难】

答：同轴电缆屏蔽层两端接地可提高高频通道的抗干扰能力，如只采取单端接地，当隔离开关投切空母线时，将在收发信机入口产生高电压，可能损坏部件，因此要求两端接地；敷设 100mm² 并联接地铜导线可降低两端地电位差，从而降低高频电缆屏蔽层中流过的电流。

36. 在装设接地铜排时是否必须将保护屏对地绝缘？【难】

答：在装设接地铜排时，没有必要将保护屏对地绝缘。虽然保护屏固定在槽钢上，槽钢上又接有联通的铜网，但铜网与槽钢等的接触只是点接触。即使接触的地网两点间有由外部传来的地电位差，但这个电位差只能通过两个接触电源和两点间的铜排才能形成回路，因铜排电源值远小于接触电阻值，因而在钢排两点间不可能产生有影响的电位差。

37. 什么是电力系统安全自动装置？举出 5 种以上的电力系统安全自动装置。【难】

答：电力系统安全自动装置是指在电网中发生故障或出现异常运行时，为确保电网安全与稳定运行，起控制作用的自动装置，如自动重合闸、备用电源或备用设备自投、自动切负荷、低频和低压自动减载、电压事故减出力、切机、电气制动、水轮发电机自启动和调相改发电、抽水蓄能机组由抽水改发电、自动解列、失步解列、自动调节励磁等。

38. 进行继电保护故障责任分析时，"整定计算错误"包括哪些？【难】

答：进行继电保护故障责任分析时，"整定计算错误"包括：①未按电力系统运行方式的要求变更整定值；②整定值计算错误（包括定值及微机软件管理通知单错误）；③使用参数错误；④保护装置运行规定错误。

39. 进行智能变电站 220kV 线路单间隔检修时，有哪些安全措施？【易】

答：进行智能变电站 220kV 线路单间隔检修时，安全措施有：

（1）母线保护：本间隔投入软压板退出，本间隔 GOOSE 接收软压板退出，

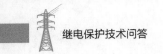

本间隔 GOOSE 发送软压板退出。

（2）线路保护：检修压板投入，启动失灵软压板退出，GOOSE 跳闸出口软压板退出。

（3）测控装置投入检修压板。

（4）合并单元投入检修压板。

（5）智能终端投入检修压板，退出出口跳/合闸压板。

（6）安稳装置：本间隔元件投入压板退出，本间隔检修压板投入。

40. 请列举智能化变电站中不破坏网络结构（不插拔光纤）的二次回路隔离措施。【中】

答：智能化变电站中不破坏网络结构（不插拔光纤）的二次回路隔离措施主要有：①断开智能终端跳、合闸出口硬压板；②投入间隔检修压板，利用检修机制隔离检修间隔及运行间隔；③退出相关发送及接收装置的软压板。

41. 智能变电站中，采样值同步需要注意的关键点有哪些？【中】

答：智能变电站中，采样值同步应重点关注：①同一间隔内电流电压量的同步；②关联多间隔保护的同步；③变电站间的同步，比如线路纵差保护；④广域同步。

42. 简述合并单元的同步机制。【中】

答：合并单元时钟同步信号从无到有变化过程中，其采样周期调整步长应不大于 $1\mu s$。为保证与时钟信号快速同步，允许在 PPS 边沿时刻采样序号跳变一次，但必须保证采样值发送间隔离散值小于 $10\mu s$（采样率为 4kHz）。同时合并单元输出的数据帧同步位由不同步转为同步状态。

43. 智能保护装置 "跳闸" 状态的具体含义是什么？【中】

答："跳闸" 状态是指：保护交直流回路正常，主保护、后备保护及相关测控功能软压板投入，GOOSE 跳闸、启动失灵及 SV 接收等软压板投入，保护装置检修硬压板取下。

44. 智能保护装置 "信号" 状态的具体含义是什么？【中】

答："信号" 状态是指：保护交直流回路正常，主保护、后备保护及相关测控功能软压板投入，跳闸、启动失灵等 GOOSE 软压板退出，保护检修状态硬压板取下。

45. 智能保护装置 "停用" 状态的具体含义是什么？ 【中】

答："停用"状态是指：主保护、后备保护及相关测控功能软压板退出，跳闸、启动失灵等 GOOSE 软压板退出，保护检修状态硬压板投入，装置电源关闭。

46. 为什么智能终端一般不设置软压板？ 【中】

答：智能终端不设置软压板是因为智能终端长期处于现场，液晶面板容易损坏。同时也是为了符合运行人员的操作习惯，所以不设置软压板而使用硬压板。

47. 智能终端如何实现跳闸反校报文？ 【中】

答：智能终端收到 GOOSE 跳闸报文后，以遥信的方式转发跳闸报文来进行跳闸报文的反校。

48. 智能变电站线路保护装置在工作结束验收时应注意哪些事项？ 【中】

答：智能变电站线路保护装置工作结束验收时，应检查保护装置有无故障或告警信号，保护定值及定值区切换正确，GOOSE 链路正常，分相电流差动通道正常，检查保护状态，应在工作票许可前状态，并断开保护装置检修状态压板，全面检查监控后台有无相应告警光字信息和报文。

49. 一个保护装置的 ICD 一般应该具备几个访问点？ 【中】

答：站控层 MMS 服务与 GOOSE 服务（联闭锁）应统一访问点建模。支持过程层的间隔层设备，对上与站控层设备通信，对下与过程层设备通信，应采用 3 个不同访问点分别与站控层、过程层 GOOSE、过程层 SV 进行通信。所有访问点，应在同一个 ICD 文件中体现。

50. 简述智能变电站中隔离一台保护装置与站内其余装置的 GOOSE 报文有效通信的措施。 【中】

答：其隔离措施为：

（1）投入待隔离保护装置的"检修状态"硬压板。

（2）退出待隔离保护装置所有的"GOOSE 出口"软压板。

（3）退出所有与待隔离保护装置相关装置的"GOOSE 接收"软压板。

（4）解除待隔离保护装置背后的 GOOSE 光纤。

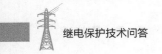

51. 简述监控后台切换保护装置定值区的操作顺序。【难】

答：监控后台切换保护装置定值区的操作顺序为：①保护改"信号"状态；②切换定值区；③核对定值；④保护改"跳闸"状态。

52. 为保证合并单元 A/D 采样值的正确性，保护装置通常会采用哪些抗频率混叠措施？【难】

答：保护装置根据装置采样频率设计数字滤波器，滤波器的截止频率不大于采样频率的 1/2，以满足抗频率混叠的要求。

53. 为什么在调度端允许进行远方投退智能保护重合闸、远方切换智能保护定值区，但不宜对智能保护其他软压板进行远方投退操作？【难】

答：（1）重合闸功能远方投退操作中，重合闸软压板状态可以返回，保护装置充电状态可以返回，有两个不同源做对比来判断操作是否成功。

（2）定值区远方切换操作中，保护装置返送定值区号至调度端，调度端能够调取定值项，有两个不同源做对比来判断操作是否成功。

（3）对于其他软压板操作，保护装置仅能返送该软压板状态，没有可以对比的不同源信息，无法确定操作是否成功，因此不宜使用。

54. 简述智能变电站通信状态监视检查项目。【难】

答：智能变电站通信状态监视检查项目有：①检查所有站控层设备与智能电子装置通信中断告警功能；②检查所有智能电子装置之间的 GOOSE 通信告警功能；③检查所有间隔层装置与合并单元之间的采样值传输通信告警功能。

55. 简述智能化保护"装置故障"与"装置告警"信号含义及处理方法。【难】

答："装置故障"动作，说明保护发生严重故障，装置已闭锁，应立即汇报调度将保护装置停用。"装置告警"动作，说明保护发生异常现象，未闭锁保护，装置可以继续运行，运行人员需立即查明原因，并汇报相关调度确认是否需停用保护装置。

56. 如何判断 SV 数据是否有效？【难】

答：SV 采样值报文接收方应根据对应采样值报文中的 validity，test 品质位，来判断采样数据是否有效，以及是否为检修状态下的采样数据。

57. 智能保护装置检修过程中如需对光纤进行插拔，应注意哪些事项？
【难】

答：智能保护装置检修过程中如需对光纤进行插拔，有如下注意事项：

（1）操作前核实光纤标识是否规范、明确，且与现场运行情况一致。

（2）取下的光纤应做好记录，恢复时应在专人监护下逐一进行，并仔细核对。

（3）严禁将光纤端对着自己和他人的眼睛。

（4）插拔光纤过程中应小心、仔细，光纤拔出后应及时套上防尘帽，避免光纤白色陶瓷插针触及硬物，从而造成光头污染或光纤损伤。

（5）恢复原始状态后，检查光纤是否有明显折痕，弯曲度是否符合要求。

（6）恢复以后，查看二次回路通信图，检查通信恢复情况。

58. 根据 Q/GDW 396《IEC 61850 工程继电保护应用模型》，GOOSE 通信机制如何判断链路中断？【难】

答：每一帧 GOOSE 报文中都携带了允许生存时间（time allow to live），GOOSE 接收方在 2 倍允许生存时间内没有收到下一帧 GOOSE 报文则判断为中断。

59. 已知某保护 A 相跳闸出口的 GOOSE 信号路径名称为 "GOLD/GOTVRC1 \$ ST \$ Tr \$ phsA"，请写出 GOOSE 信号中的 LD inst，inClass，DOI name 及 DA name。【难】

答：LD inst＝GOLD

lnClass＝TVRC

DOI name＝Tr

DA name＝phsA

60. 某线路保护（含重合闸）在故障后保护瞬时出口动作，60ms 后故障切除返回，动作前一帧 GOOSE 报文 StNum 为 1，SqNum 为 10，GOOSE 报文内容为：保护跳闸、重合闸动作。试列出保护动作后 100ms 内该装置发出 GOOSE 报文的 StNum 和 SqNum 及其对应的时间，并说明该报文内容（时间以保护动作为零点，该保护 $T_0＝5s$，$T_1＝2ms$，$T_2＝4ms$，$T_3＝8ms$，$T_4＝16ms$，$T_5＝32ms$，$T_6＝64ms$）。【难】

答：$T＝0ms$，StNum＝2，SqNum＝0，保护跳闸动作。

$T=2$ms，StNum=2，SqNum=1，保护跳闸动作。

$T=4$ms，StNum=2，SqNum=2，保护跳闸动作。

$T=8$ms，StNum=2，SqNum=3，保护跳闸动作。

$T=16$ms，StNum=2，SqNum=4，保护跳闸动作。

$T=32$ms，StNum=2，SqNum=5，保护跳闸动作。

$T=60$ms，StNum=3，SqNum=0，保护跳闸复归。

$T=62$ms，StNum=3，SqNum=1，保护跳闸复归。

$T=64$ms，StNum=3，SqNum=2，保护跳闸复归。

$T=68$ms，StNum=3，SqNum=3，保护跳闸复归。

$T=76$ms，StNum=3，SqNum=4，保护跳闸复归。

$T=92$ms，StNum=3，SqNum=5，保护跳闸复归。

第二章　规　程　规　范

第一节　设　计　规　范

1. GB/T 14285《继电保护和安全自动装置技术规程》要求 220kV 线路保护应加强主保护，所谓加强主保护是指什么？【易】

答：加强主保护是指：

（1）全线速动保护的双重化配置。

（2）每套主保护功能完善，线路内发生的各种类型故障均能快速切除。

（3）对要求实现单相重合闸的线路，应具有选相功能。

（4）当线路正常运行时，发生单相接地故障，接地电阻值不大于 100Ω 时，应有尽可能强的选相能力，并能正确跳闸。

2. 双重化配置继电保护装置在电流、电压回路设计使用时应注意什么问题？【易】

答：双重化配置继电保护装置在电流、电压回路设计使用时应注意的问题有：

（1）两套保护装置的交流电流应分别取自电流互感器互相独立的绕组，交流电压应分别取自电压互感器互相独立的绕组。

（2）对原设计中电压互感器仅有一组二次绕组，且已经投运的变电站，应积极安排电压互感器的更新改造工作。

（3）改造完成前，应在开关场的电压互感器端子箱处，利用具有短路跳闸功能的两组分相空气开关将按双重化配置的两套保护装置交流电压回路分开。

3. 双重化配置继电保护直流电源应注意什么问题？【易】

答：两套保护装置的直流电源应取自不同蓄电池组连接的直流母线段。每套保护装置与其相关设备（电子式互感器、合并单元、智能终端、网络设备、操作箱、跳闸线圈等）的直流电源均应取自与同一蓄电池组相连的直流母线，

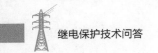

避免因一组站用直流电源异常对两套保护功能同时产生影响而导致保护拒动。

4. Q/GDW 267《继电保护和电网安全自动装置现场工作保安规定》中，在运行的电压互感器二次回路上工作时，应采取哪些安全措施？【易】

答：在运行的电压互感器二次回路上工作时，应采取的安全措施有：①不应将电压互感器二次回路短路、接地和断线，必要时，工作前申请停用有关继电保护或电网安全自动装置；②接临时负载时，应装有专用的隔离开关（刀闸）和熔断器；③不应将回路的永久接地点断开。

5. 国家电网有限公司的标准化设计规范简称"六统一"设计，"六统一"包含哪些方面？【中】

答：标准化设计规范"六统一"是指微机保护的功能配置、回路设计、端子排布置、接口标准、屏柜压板、保护定值和报告格式六个方面的统一。

6. "六统一"设计规范中，对220kV及以上保护电流互感器二次回路断线的处理原则是什么？【中】

答：220kV及以上保护电流互感器二次回路断线的处理原则为：主保护不考虑电流互感器和电压互感器断线同时出现，不考虑无流元件电流互感器断线，不考虑三相电流对称情况下中性线断线，不考虑两相、三相断线，不考虑多个元件同时发生电流互感器断线，不考虑电流互感器断线和一次故障同时出现。

7. 电流互感器和电压互感器应如何实现安全接地？【中】

答：（1）电流互感器的二次回路必须有且只能有一点接地，无电气联系的电流回路在端子箱经端子排接地。存在合电流的电流互感器、二次绕组则应在合电流的保护屏（计量屏、测控屏）处经端子排接地。

（2）电压互感器的二次回路只允许有一点接地，接地点宜设在控制室内。独立的、与其他互感器无电联系的电压互感器也可在开关场实现一点接地。为保证接地可靠，各电压互感器的中性线不得接有可能断开的开关或熔断器等。

（3）已在控制室一点接地的电压互感器二次绕组，必要时，可在开关场将二次绕组中性点经放电间隙或氧化锌阀片接地，应经常维护检查，防止出现两点接地的情况。

（4）来自电压互感器二次的四根开关场引出线和电压互感器三次的

两根开关场引出线中的 N 线必须分开，不得共用。

8. 微机型继电保护装置二次回路电缆敷设应符合哪些要求？【难】

答：二次回路电缆敷设应满足以下要求：

（1）合理规划二次电缆的路径，尽可能离开高压母线、避雷器和避雷针的接地点，并联电容器、电容式电压互感器、结合电容器及电容式套管等设备。

（2）交流电流和交流电压回路、不同交流电压回路、交流和直流回路、强电和弱电回路、来自电压互感器二次的四根引入线和电压互感器开口三角绕组的两根引入线均应使用各自独立的电缆。

（3）保护装置的跳闸回路和启动失灵回路均应使用各自独立的电缆。

9. 为什么要求继电保护及自动装置整组实验和断路器传动试验在 80% 的直流额定电压下进行？【难】

答：直流母线电压的波动范围为 ±10%，即直流母线电压允许下降到 90%。直流电源与各操作回路之间的电压降规定小于 10%。两种情况如果同时发生，电源电压有可能下降至 80%，如果继电保护和自动装置与断路器的传动试验在 80% 额定电压下能正确进行，则说明上述装置在实际运行中能够承受直流电源降低的工况。

10. Q/GDW 441《智能变电站继电保护技术规范》对变压器保护的采样和跳闸方式有什么要求？【难】

答：变压器保护直接采样，直接跳各侧断路器；变压器保护跳母联、分段断路器及闭锁备自投、启动失灵等可采用 GOOSE 网络传输。变压器保护可通过 GOOSE 网络接收失灵保护跳闸命令，并实现失灵跳变压器各侧断路器；变压器非电量保护采用电缆就地直接跳闸，信息通过本体智能终端上送过程层 GOOSE 网。

11. Q/GDW 441《智能变电站继电保护技术规范》中对线路保护有何要求？【中】

答：Q/GDW 441《智能变电站继电保护技术规范》中对线路保护的要求为：

（1）220kV 及以上线路按双重化配置保护装置，每套保护包含完整的主、后备保护功能。

（2）线路过电压及远跳就地判别功能应集成在线路保护装置中，站内其他

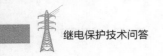

装置经 GOOSE 网络启动远跳。

（3）线路保护直接采样，直接跳断路器；经 GOOSE 网络启动断路器失灵、重合闸。

12. Q/GDW 441《智能变电站继电保护技术规范》中对母联（分段）保护有什么要求？【难】

答：Q/GDW 441《智能变电站继电保护技术规范》中对母联（分段）保护的要求为：

（1）220kV 及以上母联（分段）断路器按双重化配置母联（分段）保护、合并单元、智能终端。

（2）母联（分段）保护跳母联（分段）断路器采用点对点直接跳闸方式；母联（分段）保护启动母线失灵可采用 GOOSE 网络传输。

13. 《智能化变电站通用技术条件》对智能终端有哪些要求？【难】

答：《智能化变电站通用技术条件》对智能终端的要求为：

（1）智能终端 GOOSE 订阅支持的数据集不应少于 15 个。

（2）智能终端可通过 GOOSE 单帧实现跳闸功能。

（3）智能终端动作时间不大于 7ms（包含出口继电器的时间）。

（4）开入动作电压应在额定直流电源电压的 55%～70% 范围内，可选择单位置开入或双位置开入，输出均采用双位置。

（5）智能终端发送的外部采集开关量应带时标。

（6）智能终端外部采集开关量分辨率应不大于 1ms，消抖时间不小于 5ms，动作时间不大于 10ms。

（7）智能终端应能记录输入、输出的相关信息。

（8）智能终端应以虚遥信点方式转发收到的跳合闸命令。

（9）智能终端遥信上送序号应与外部遥信开入序号一致。

14. IEC 61850 标准第六部分中，变电站配置描述语言（SCL）定义了四种配置文档类型，请分别简述这四种文档的后缀名和含义。【中】

答：四种配置文档类型为：

（1）ICD 文件：IED 能力描述文件，描述智能电子设备的能力。

（2）SSD 文件：系统规范文件，描述变电站电气主接线和所要求的逻辑节点。

（3）SCD 文件：变电站配置描述文件，描述全部实例化智能电子设备、通信配置和变电站信息。

（4）CID 文件：IED 实例配置文件，描述项目（工程）中一个实例化的智能电子设备。

15. 简述《智能化变电站通用技术条件》中对时间同步的要求。【难】

答：智能变电站通用技术条件中对时间同步的要求是：

（1）变电站应配置一套时间同步系统，宜采用主备方式的时间同步系统，以提高时间同步系统的可靠性。

（2）保护装置、合并单元和智能终端均应能接收 IRIG-B 码同步对时信号，保护装置、智能终端的对时精度误差应不大于±1ms，合并单元的对时精度应不大于±1μs。

（3）保护装置应具备上送时钟当时值的功能。

（4）装置时钟同步信号异常后，应发告警信号。

（5）采用光纤 IRIG-B 码对时方式时，宜采用 ST 接口；采用电 IRIG-B 码对时方式时，采用直流 B 码，通信介质为屏蔽双绞线。

16. 目前通常采用的 DL/T 860.92（IEC 61850-9-2）传输采样频率为多少？电压采样值和电流采样值最小分辨率是多少？【难】

答：传输采样频率为 80 点采样，即采样频率 4kHz，电压采样值最小分辨率为 10mV，电流采样值最小分辨率为 1mA。

17. 对智能终端响应正确报文的延时有何要求？【中】

答：《智能变电站智能终端技术规范》中规定：在任何网络运行工况流量冲击下，装置均不应死机或重启，不发出错误报文，响应正确报文的延时不应大于 1ms。

18. 简述"六统一"变压器保护电流互感器二次回路断线的处理原则。【难】

答：在变压器保护电流互感器二次回路断线时的处理原则为：①对零序电

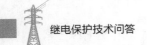

流保护不处理；②差流大于 $1.2I_e$（I_e 为额定电流）时，开放纵差、分相差动、变化量差动，对零差、分侧差动、小区差动未做统一要求；③若过负荷时不判电流互感器断线，则负荷电流门槛值为 $1.1I_e$；④电流互感器断线自动复归；⑤3/2 接线方式下，高压侧两分支分流均不应影响电流互感器断线的判别。

19. 国网 "六统一" 规范中对 220kV 双母线接线线路保护有如下规定：当线路配置单相电压互感器时，电压切换箱为三相电压切换；当线路配置三相电压互感器时，电压切换箱为单相电压切换。 谈谈对这句话的理解。 【难】

答：对 220kV 双母线接线线路保护电压切换回路的正确理解为：

（1）当线路配置单相电压互感器时，母线需配置三相电压互感器，保护装置三相电压取自母线三相电压互感器，线路抽取电压 U_x 取自线路单相电压互感器，此时电压切换箱需要对母线三相电压互感器电压进行切换（即切换 U_a、U_b、U_c）。

（2）当线路配置三相电压互感器时，母线配置单相电压互感器，保护装置三相电压取自线路三相电压互感器，线路抽取电压 U_x 取自母线单相电压互感器，此时电压切换箱需要对母线单相电压互感器进行切换（切换 U_x）。

20. 在标准化规范中，软压板、 硬压板使用的方式有几种？对每种方式举例说明。 【中】

答：软压板、硬压板使用的方式有 4 种。

（1）软压板、硬压板之间为 "与门" 关系。例如，线路纵联距离（方向）保护中软压板： "纵联保护"置 1 与屏上 "投纵联保护" 硬压板为 "与门" 关系。

（2）软压板、硬压板之间为 "或门" 关系。例如，线路纵联距离（方向）保护中软压板： "退出重合闸"置 1 与屏上 "退出重合闸" 硬压板为 "或门" 关系。

（3）只有软压板，无硬压板对应，如 "允许远方修改定值" 软压板无硬压板对应。

（4）只有硬压板，无软压板对应，如变压器保护装置高压侧电压投/退的硬压板、母线保护的 "互联" 硬压板无软压板对应。

21. 简述智能变电站双重化保护的配置要求。【易】

答：智能变电站双重化保护的配置要求为：

（1）每套完整、独立的保护装置应能处理可能发生的所有类型的故障。两套保护之间不应有任何电气联系，当一套保护异常或退出时不应影响另一套保护的运行。

（2）两套保护的电压（电流）采样值应分别取自相互独立的合并单元。

（3）双重化配置的合并单元应与电子式互感器两套独立的二次采样系统一一对应。

（4）双重化配置保护使用的 GOOSE（SV）网络应遵循相互独立的原则，当一个网络异常或退出时不应影响另一个网络的运行。

（5）两套保护的跳闸回路应与两个智能终端分别一一对应。两个智能终端应与断路器的两个跳闸线圈分别一一对应。

（6）双重化的线路纵联保护应配置两套独立的通信设备（含复用光纤通道、独立纤芯、微波、载波等通道及加工设备等），两套通信设备应分别使用独立的电源。

（7）双重化的两套保护及其相关设备（电子式互感器、合并单元、智能终端、网络设备、跳闸线圈等）的直流电源应一一对应。

（8）双重化配置的保护应使用主、后一体化的保护装置。

第二节 反事故措施

1. 《国家电网有限公司十八项电网重大反事故措施（防止继电保护事故）》中对双重化配置的保护的厂家选择有何要求？【中】

答：为防止装置家族性缺陷可能导致的双重化配置的两套继电保护装置同时拒动的问题，双重化配置的线路、变压器、母线、高压电抗器等保护装置应采用不同生产厂家的产品。

2. 请简述《国家电网有限公司十八项电网重大反事故措施（防止继电保护事故）》中关于低压脱扣装置的要求。【中】

答：变电站内如没有对电能质量有特殊要求的设备，应尽快拆除低压脱扣

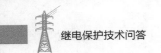

装置。若需装设，低压脱扣装置应具备延时整定和面板显示功能，延时时间应与系统保护和重合闸时间配合，躲过系统瞬时故障。

3. 220kV 及以上电压等级只有单套压力闭锁继电器的断路器，在运行中存在哪些安全隐患？【难】

答：按照《国家电网有限公司十八项电网重大反事故措施（防止继电保护事故）》原则，220kV 及以上电压等级断路器的压力闭锁继电器应双重化配置，以防止其中一组操作电源失去时，另一套保护和操作箱或智能终端无法跳闸出口。早期投运的变电站，220kV 及以上断路器通常配置仅一副压力闭锁触点的压力继电器，通过重动继电器扩展出两副串接于两个跳闸回路中的触点，当重动继电器线圈因其所接的直流系统异常而失电时，断路器的两组跳闸回路将同时断开，使得断路器存在拒动风险。

4. 在《国家电网有限公司十八项电网重大反事故措施（防止继电保护事故）》中，对于应在断路器两侧配置电流互感器的情况是如何规定的？【中】

答：当采用 3/2、4/3、角形接线等多断路器接线形式时，应在断路器两侧均配置电流互感器。对经计算影响电网安全稳定运行重要变电站的 220kV 及以上电压等级双母线接线方式的母联、分段断路器，应在断路器两侧配置电流互感器。

5. 按照 2018 版《国家电网有限公司十八项电网重大反事故措施（防止继电保护事故）》要求，等电位地网的敷设方法是什么？【中】

答：等电位地网的敷设应使用线径不小于 100 mm² 的铜质导线。具体敷设方法为：

（1）首尾相连——防止开断造成"等电位"被破坏。

（2）用 4 根 50mm² 铜导线与主地网在同一点相连，即使主地网电位变化，依然保证等电位地网的"等电位"不受影响。

（3）不同保护小室的等电位地网在各自小室分别与主地网相连，不同保护小室的等电位地网如需相连，连接点应设在各自小室与主地网的连接处。

6. 按照《国家电网有限公司十八项电网重大反事故措施（防止继电保护事故）》的规定，双重化配置的继电保护应满足哪些基本要求？【中】

答：两套保护装置的交流电流应分别取自电流互感器互相独立的绕组；交

流电压应分别取自电压互感器互相独立的绕组。对原设计中电压互感器仅有一组二次绕组且已经投运的变电站，应积极安排电压互感器的更新改造工作，改造完成前，应在开关场的电压互感器端子箱处，利用具有短路跳闸功能的两组分相空气开关将按双重化配置的两套保护装置交流电压回路分开。

两套保护装置的直流电源应取自不同蓄电池组连接的直流母线段。每套保护装置与其相关设备（电子式互感器、合并单元、智能终端、网络设备、操作箱、跳闸线圈等）的直流电源均应取自与同一蓄电池组相连的直流母线，避免因一组站用直流电源异常对两套保护功能同时产生影响而导致的保护拒动。

220kV 及以上电压等级断路器的压力闭锁继电器应双重化配置，防止其中一组操作电源失去时，另一套保护和操作箱或智能终端无法跳闸出口。对已投入运行，只有单套压力闭锁继电器的断路器，应结合设备运行评估情况，逐步技术改造。

两套保护装置与其他保护、设备配合的回路应遵循相互独立的原则，应保证每一套保护装置与其他相关装置（如通道、失灵保护）联络关系的正确性，防止因交叉停用导致保护功能缺失。

220kV 及以上电压等级线路按双重化配置的两套保护装置的通道应遵循相互独立的原则，采用双通道方式的保护装置，其两个通道也应相互独立。保护装置及通信设备电源配置时应注意防止单组直流电源系统异常导致双重化快速保护同时失去作用的问题。

为防止装置家族性缺陷可能导致的双重化配置的两套继电保护装置同时拒动的问题，双重化配置的线路、变压器、母线、高压电抗器等保护装置应采用不同生产厂家的产品。

7. 《国家电网有限公司十八项电网重大反事故措施（防止继电保护事故）》中，强调应重视继电保护二次回路的接地问题，并定期检查这些接地点的可靠性和有效性。继电保护二次回路接地应满足的要求是什么？【中】

答：直流电源系统绝缘监测装置的平衡桥和检测桥的接地端以及微机型继电保护装置屏柜内的交流供电电源（照明、打印机和调制解调器）的中性线（零线）不应接入保护专用的等电位接地网。

（1）微机型继电保护装置之间、保护装置至开关场就地端子箱之间以及保护屏至监控设备之间所有二次回路的电缆均应使用屏蔽电缆，电缆的屏蔽层两端接地，严禁使用电缆内的备用芯线替代屏蔽层接地。

（2）独立的、与其他互感器二次回路没有电气联系的电流互感器二次回路可在开关场一点接地，但应考虑将开关场不同点地电位引至同一保护柜时对二次回路绝缘的影响。

（3）未在开关场接地的电压互感器二次回路，宜在电压互感器端子箱处将每组二次回路中性点分别经放电间隙或氧化锌阀片接地，其击穿电压峰值应大于$30I_{max}$V（I_{max}为电网接地故障时通过变电站的可能最大接地电流有效值，单位为kA）。应定期检查放电间隙或氧化锌阀片，防止造成电压二次回路出现多点接地。为保证接地可靠，各电压互感器的中性线不得接有可能断开的开关或熔断器等。

（4）电流互感器或电压互感器的二次回路，均必须有且只能有一个接地点。

（5）独立的、与其他电压互感器和电流互感器的二次回路没有电气联系的互感器二次回路可在开关场一点接地，但应考虑将开关场不同点地电位引至同一保护柜时对二次回路绝缘的影响。

8. 请简述《国家电网有限公司十八项电网重大反事故措施（防止继电保护事故）》中关于保护室的等电位接地网的敷设要求及分散布置的保护小室间的连接要求。【中】

答：在保护室屏柜下层的电缆室（或电缆沟道）内，沿屏柜布置的方向逐排敷设截面积不小于$100mm^2$的铜排（缆），将铜排（缆）的首端、末端分别连接，形成保护室内的等电位地网。该等电位地网应与变电站主地网一点相连，连接点设置在保护室的电缆沟道入口处。为保证连接可靠，等电位地网与主地网的连接应使用4根及以上的铜排（缆），每根截面积不小于$50mm^2$。

9. 请简述《国家电网有限公司十八项电网重大反事故措施（防止继电保护事故）》中关于纵联保护2M通道用的光电转换设备、光通信设备以及2M同轴电缆提高抗干扰能力的措施。【难】

答：应沿线路纵联保护光电转换设备至光通信设备光电转换接口装置之间的2M同轴电缆敷设截面积不小$100mm^2$铜电缆。该铜电缆两端分别接至光电转换接口和光通信设备（数字配线架）的接地铜排。该接地铜排应与 2M 同轴电缆的屏蔽层可靠相连。为保证光电转换设备和光通信设备（数字配线架）的接地电位的一致性，光电转换接口柜和光通信设备的接地铜排应同点与主地网相连。重点检查 2M 同轴电缆接地是否良好，防止电网故障时由于屏蔽层接触不良影响保护通信信号。

10. 按照《国家电网有限公司十八项电网重大反事故措施（防止继电保护事故）》原则，双重化配置的保护交流电压应分别取自电压互感器互相独立的绕组。对原设计中电压互感器仅有一组二次绕组，且已经投运的变电站，应如何解决？【难】

答：对原设计中电压互感器仅有一组二次绕组，且已经投运的变电站应积极安排电压互感器的更新改造工作，改造完成前，应在开关场的电压互感器端子箱处，利用具有短路跳闸功能的两组分相空气开关将按双重化配置的两套保护装置交流电压回路分开。

11. 对于采用 3/2 接线形式变电站的线路保护，在 2018 版《国家电网有限公司十八项电网重大反事故措施（防止继电保护事故）》中对电流输入回路有哪些具体要求？【中】

答：对于 3/2 接线形式变电站的线路保护等，引入两组及以上电流互感器构成和电流的保护装置，各组电流互感器应分别引入保护装置，不应通过装置外部回路形成合电流。对已投入运行采用和电流引入保护装置的，应结合设备运行评估情况，逐步技术改造。

12. 《国家电网有限公司十八项电网重大反事故措施（防止继电保护事故）》对保护二次电压切换有些什么具体要求？【难】

答：对保护用二次电压切换回路的反措要求为：

（1）用隔离开关辅助触点控制的电压切换继电器，应有一副电压切换继电器触点作监视用，不得在运行中维修隔离开关辅助触点。

（2）检查并保证在切换过程中，不会产生电压互感器二次反充电。

（3）手动进行电压切换的，应有专用的运行规程，并由运行人员执行。

（4）用隔离开关辅助触点控制的切换继电器，应同时控制可能误动作的保护

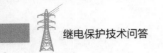

的正电源，有处理切换继电器同时动作与同时不动作等异常情况的专用运行规程。

13. 按照《国家电网有限公司十八项电网重大反事故措施（防止继电保护事故）》，对基建调试及验收应注意问题的要求，基建单位应至少提供什么资料？【难】

答：基建单位应在开展验收调试前提供以下资料：

（1）一次设备实测参数。

（2）通道设备（包括接口设备、高频电缆、阻波器、结合滤波器、耦合电容器等）的参数和试验数据、通道时延等。

（3）电流、电压互感器的试验数据（如变比、伏安特性、极性、直流电阻及10％误差计算等）。

（4）保护装置及相关二次交、直流和信号回路的绝缘电阻的实测数据。

（5）气体继电器试验报告。

（6）全部保护纸质及电子版竣工图纸（含设计变更）、保护装置及自动化监控系统使用及技术说明书、智能站配置文件和资料性文件〔包括智能电子设备能力描述（ICD）文件、变电站配置描述（SCD）文件、已配置的智能电子设备描述（CID）文件、回路实例配置（CCD）文件、虚拟局域网（VLAN）划分表、虚端子配置表、竣工图纸和调试报告等〕、保护调试报告、二次回路（含光纤回路）检测报告以及调控机构整定计算所必需的其他资料。

14. 根据描述分析存在的主要问题，并结合《国家电网有限公司十八项电网重大反事故措施（防止继电保护事故）》要求提出改进措施。【难】

某500kV变电站综合稳措装置误动导致远切负荷，检查中发现稳措装置动作触点启动220kV远切发信回路是通过长电缆将500kV小室稳控装置屏与220kV小室远切发信屏（光耦）直接连接，造成在220kV直流扰动情况下误动作。

答：存在的主要问题：误动主要原因为跨小空间长电缆对地分布电容大，干扰信号易通过长电缆串入保护装置，同时光耦抗干扰能力较差，在直流电源受到扰动时极易发生不正确动作。

改进措施有两种方法：①将接收回路的光隔更换为大功率继电器，或延长继电器的动作时间；②将启动远切回路长电缆更换为光纤连接。

第三章 二 次 回 路

第一节 理 论 基 础

1. 对于双母线接线方式的变电站，在进行电压互感器并列工作时应遵循哪些原则？【易】

答：电压互感器的并列，应遵循先并一次，再并列二次的原则。两组电压互感器二次并列时，必须先并一次，再并列二次，否则一次侧电压不平衡，将在二次侧产生较大环流，容易引起熔断器熔断，使得保护失去二次电压。

2. 对于双母线接线方式的变电站设计，电压互感器并列装置的作用是什么？【易】

答：设置母线电压互感器二次回路并列装置可满足两组母线电压互感器的互为备用，以确保交流电压小母线回路可以根据系统运行方式的需要，进行分列或并列。电压互感器的二次侧电压，提供给保护、测量、计量等装置使用，当母线电压互感器因检修或其他原因需要退出运行时，而该母线上的线路依然在运的情况下，通过电压并列回路，让正常运行的电压互感器同时带两段母线的二次回路运行，从而保证二次设备的正常工作。

3. 对于双母线接线方式的变电站，为什么要设计电压切换回路？【易】

答：设计母线电压互感器二次切换回路是确保各电气单元二次设备的电压随同一次元件一起投退。对于双母线系统上所连接的各电气元件，一次回路元件运行在哪一段母线上，二次电压回路应随同主接线一起进行切换到同一段母线上的电压互感器供电。

4. 断路器、隔离开关经新安装检验及检修后，继电保护试验人员应及时了解哪些调整试验结果？【中】

答：继电保护试验人员应及时了解的调整试验结果有：①与保护回路有关

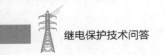

的辅助触点的开闭情况或这些触点的切换时间；②与保护回路相连回路的绝缘电阻；③断路器最低跳、合闸电压（应大于 $30\%U_e$，小于 $65\%U_e$）；④断路器跳闸及辅助合闸线圈的电阻及在额定电压下的跳合闸电流；⑤断路器的跳、合闸时间及合闸时三相触头不同时闭合的最大时间差。

5. 简述对电流互感器二次回路的要求。【中】

答：电流互感器二次回路应满足的要求为：①接线方式应满足有关负载回路的要求；②应有且仅有一个可靠接地点；③有防止二次回路开路的措施；④二次负载需满足 10%误差曲线；⑤保证极性正确。

6. 继电保护专业对电流互感器试验应包括哪些内容？【中】

答：电流互感器与保护相关有六项基本试验：①变比；②极性；③二次绕组直流电阻（直流电桥测试）；④伏安特性（工频励磁特性）；⑤二次电流回路负载（工频交流伏安法）；⑥绝缘电阻。

7. 电压互感器二次回路中熔断器的配置原则是什么？【难】

答：电压互感器二次回路中熔断器的配置原则是：

（1）在电压互感器二次回路的出口，应装设总熔断器或自动开关用以切除二次回路的短路故障。自动调节励磁装置及强行励磁用的电压互感器的二次侧不得装设熔断器，因为熔断器熔断会使它们拒动或误动。

（2）若电压互感器二次回路发生故障，由于延迟切断二次回路故障时间可能使保护装置和自动装置发生误动作或拒动，因此应装设监视电压回路是否完好的装置。此时宜采用自动开关作为短路保护，并利用其辅助触点发出信号。

（3）在正常运行时，电压互感器二次开口三角辅助绕组两端无电压，不能监视熔断器是否断开；且熔丝熔断时，若系统发生接地，保护会拒绝动作，因此开口三角绕组出口不应装设熔断器。

（4）接至仪表及变送器的电压互感器二次电压分支回路应装设熔断器。

（5）电压互感器中性点引出线上，一般不装设熔断器或自动开关。采用 B 相接地时，其熔断器或自动开关应装设在电压互感器 B 相的二次绕组引出端与接地点之间。

8. 微机型保护装置对光耦开入回路的动作电压有何要求?【难】

答:制造部门应提高微机保护抗电磁骚扰水平和防护等级,保护装置由屏外引入的开入回路应采用±220V/110V直流电源。光耦开入的动作电压应控制在额定直流电源电压的55%~70%范围以内。在产品设计、制造阶段就应认真考虑电磁兼容问题,提高设备自身抗干扰能力。

(1) 遵守保护装置24V开入电源不出保护屏的原则。

(2) 55%电源电压,可有效防止站内直流电源系统接地时光耦元件误动作。70%电源电压,考虑蓄电池直流电压下降到80%时,保证保护装置仍能正确动作。

9. 某变电站有两套相互独立的直流系统, 当第一组直流的正极与第二组直流的负极之间发生短路时, 站内的直流接地监视系统会出现什么现象?【中】

答:当第一组直流的正极与第二组直流的负极之间发生短路时,站内的直流接地监视系统会出现两组直流系统同时发出接地告警信号,断开任意一组直流电源接地现象就会消失。第一组直流系统的正极与第二组直流系统的负极短接,两组直流短接后形成一个端电压为440V的电池组,中点对地电压为零。每一组直流系统的绝缘监察装置均有一个接地点,短接后直流系统中存在两个接地点,故一组直流系统的绝缘监察装置判断为正极接地,另一组直流系统的绝缘监察装置判断为负极接地。

10. 变电站、 升压站中二次回路电缆及导线布置有哪些要求?【中】

答:变电站、升压站中二次回路电缆及导线的布线应符合下列要求:

(1) 交流电流和交流电压回路、不同交流电压回路、交流和直流回路、强电和弱电回路、来自电压互感器二次的四根引入线和电压互感器开口三角绕组的两根引入线均应使用各自独立的电缆。

(2) 保护装置的跳闸回路和启动失灵回路均应使用各自独立的电缆。

(3) 保护用电缆与电力电缆不应同层敷设。

(4) 双重化配置的保护设备不应合用同一根电缆。

(5) 保护用电缆敷设路径,尽可能避开高压母线及高频暂态电流的入地点,

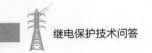

如避雷器和避雷针的接地点、并联电容器、电容式电压互感器、结合电容及电容式套管等设备。

（6）与保护连接的同一回路应在同一根电缆中走线。

11. 防止变电站地电位差对保护二次回路产生干扰的措施主要有哪些？【难】

答：防止地电位差干扰对保护二次回路的影响，首先要确保变电站有一个完善的地网，有条件时可以补充铜排连接，将各点可能产生的电位差降到最低。其次要保证各二次回路对地绝缘良好，确保地网产生较大电位差时，不致损坏二次回路绝缘，影响二次回路的正常运行。对于电流互感器、电压互感器的二次回路，要求严格按照一个电气连接中只能有一个接地点。如果一个电气回路中存在两个接地点，电位差产生的地网电流会穿入该回路，影响保护的正确动作。

12. 变电站二次回路干扰可以分为几种？【易】

答：变电站二次回路干扰主要有：①50Hz干扰；②高频干扰；③雷电引起的干扰；④控制回路产生的干扰；⑤高能辐射设备引起的干扰。

13. 操作箱一般由哪些继电器组成？【中】

答：操作箱由下列继电器组成：①监视断路器合闸回路的跳闸位置继电器及监视断路器跳闸回路的合闸位置继电器；②防止断路器跳跃继电器；③手动合闸继电器；④压力检查或闭锁继电器；⑤手动跳闸继电器及保护三相跳闸继电器；⑥重合闸继电器；⑦辅助中间继电器；⑧跳闸信号继电器及备用信号继电器。

14. 3/2断路器接线方式下，沟通三跳和重合闸的要求是什么？沟通三跳主要有什么作用？【难】

答：对于两者的要求：①在3/2断路器接线方式下，"沟通三跳"功能由断路器保护实现，断路器保护失电时，由断路器三相不一致保护三相跳闸；②在3/2断路器接线方式下的断路器重合闸，先合断路器，当合于永久性故障，两套线路保护均加速动作，跳三相并闭锁重合闸。

沟通三跳的主要作用：220kV及以上电压等级中的断路器一般采用分相操

作断路器，重合闸方式投单重时，当线路发生单相接地故障跳开相应的故障相后，若因重合闸退出或异常情况导致重合闸无法正确动作，则将造成系统长期在非全相工作状态下运行，故沟通三跳的主要作用是实现任何故障均三相跳闸。

15. 对断路器控制回路有哪些基本要求？【难】

答：断路器控制回路应满足以下基本要求：

（1）应有对控制电源监视的回路。断路器的控制电源最为重要，一旦失去电源断路器便无法操作。因此，无论何种原因，当断路器控制电源消失时，应发出声、光信号，提示值班人员及时处理。对于遥控变电站，断路器控制电源的消失，应发出遥信。

（2）应经常监视断路器跳闸、合闸回路的完好性。当跳闸或合闸回路故障时，应发出断路器控制回路断线信号。

（3）应有防止断路器"跳跃"的电气闭锁装置，发生"跳跃"对断路器是非常危险的，容易引起机构损伤，甚至引起断路器的爆炸，故必须采取闭锁措施。断路器的"跳跃"现象一般是在跳闸合闸回路同时接通时才发生。"防跳"回路的设计应使得断路器出现"跳跃"时，将断路器闭锁到跳闸位置。

（4）跳闸、合闸命令应保持足够长的时间，并且当跳闸或合闸完成后，命令脉冲应能自动解除。因断路器的机构动作需要有一定的时间，跳合闸时主触头到达规定位置也要有一定的行程，这些加起来就是断路器的固有动作时间以及灭弧时间。命令保持足够长的时间可保障断路器能可靠的跳闸、合闸。为了加快断路器的动作，增加跳、合闸线圈中电流的增长速度，要尽可能减小跳、合闸线圈的电感量。为此，跳、合闸线圈都是按短时带电设计的。因此，跳合闸操作完成后，必须自动断开跳合闸回路，否则，跳闸或合闸线圈会烧坏。通常由断路器的辅助触点自动断开跳合闸回路。

（5）对于断路器的合闸、跳闸状态，应有明显的位置信号。故障自动跳闸、自动合闸时，应有明显的动作信号。

（6）断路器的操作动力消失或不足时，例如弹簧机构的弹簧未拉紧，液压或气压机构的压力降低等，应闭锁断路器的动作，并发出信号。

（7）SF_6 气体绝缘的断路器，当 SF_6 气体压力降低而断路器不能可靠运行

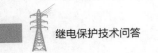

时，也应闭锁断路器的动作并发出信号。

在满足上述要求的条件下，力求控制回路接线简单，采用的设备和使用的电缆最少。

16. 采用模拟量输入合并单元的采样方式有什么优缺点？【中】

答：采用模拟量输入合并单元的采样方式的优点为：①扩展性好，增加继电保护及安全自动装置时无需串接模拟量二次回路；②节省电流互感器二次绕组；③容易实现双重化断路器保护的独立采样；④相比传统采样，串接设备的改造事故风险较小；⑤对电流互感器二次绕组容量要求较低。

采用模拟量输入合并单元的采样方式的缺点：①电流电压采样有延时，影响保护速动性；②数据量大，对于装置硬件要求高；③存在同步问题；④就地化安装设备环境恶劣；⑤一旦损坏影响多个保护的动作和正确运行；⑥一个合并单元带多个设备，某一设备检修时检修安措比较复杂。

17. 如何检验智能终端输出 GOOSE 数据通道与装置开关量输入关联的正确性？若不正确，应如何检查？【易】

答：实际模拟智能终端相关 GOOSE 数据变位，若装置能收到相应的变位，则证明两者之间关联正确。若不能，可尝试检查：①光纤连接是否正确；②相关的压板是否投入；③通过软件截取 GOOSE 报文，对其内容进行分析，查看是否 CID 文件配置错误；④使用继电保护测试仪模拟开入开出分别对智能终端和装置进行测试验证其行为是否正确。

18. 简述智能变电站二次回路实现方式及其特点。【中】

答：相对于常规站，采用了电子式互感器的智能变电站交流采样回路完全取消，因此不会出现电流回路二次开路，电压回路二次短路接地，以及由于电流互感器本身特性原因造成死区、饱和等原因导致的保护无法正确动作现象。采用了 GOOSE 报文的智能变电站相对于常规站来说，除直流电源以及一次设备与智能终端外，所有的直流电缆均取消，从工程建设方面来看，电缆的减少意味着工程建设量及成本的下降，同时电缆的减少也使得直流接地发生的概率大大降低。另外，GOOSE 报文具备实时监测功能，这也比原有电缆回路接线正确及可靠性只能通过试验来验证有明显的技术优势，方便了状态检修的开展。

19. 简述智能站 GOOSE 二次回路安全措施的实施原则。【中】

答：GOOSE 二次回路安全措施实施应遵循以下原则：

（1）投入待检修设备检修压板，并退出待检修设备相关 GOOSE 出口压板。

（2）退出与待检修设备有关的运行设备的 GOOSE 接收软压板。

（3）通过对待检修设备装置信息、与待检修设备相关联的运行设备装置信息、后台信息三信息源进行比对，确保安全措施执行到位。

第二节 工 程 理 论

1. 线路保护整组试验中，应检查故障发生与切除的逻辑控制回路，一般应做哪些模拟故障检验？【易】

答：线路保护整组试验中，应做以下模拟故障检验：

（1）各种两相短路、两相短路接地及各种单相接地故障。

（2）同时性的三相短路故障。

（3）上述类型的故障切除，重合闸成功与不成功（瞬时性短路与永久性短路故障）。

（4）由单相短路经规定延时后转化为两相接地或三相短路故障。

（5）纵联保护两侧整组对调所需的模拟外部及内部短路发生和切除的远方控制回路。

2. 新安装二次回路的验收检验有哪些项目？【中】

答：新安装二次回路验收应包含以下项目：

（1）对回路的所有部件进行观察、清扫与必要的检修及调整。所述部件包括：与装置有关的操作把手、按钮、插头、灯座、位置指示继电器、中央信号装置及这些部件回路中端子排、电缆、熔断器等。

（2）利用导通法依次经过所有中间接线端子，检查由互感器引出端子箱到操作屏柜、保护屏柜、自动装置屏柜或至分线箱的电缆回路及电缆芯的标号，并检查电缆牌的填写是否正确。

（3）当设备新投入或接入新回路时，核对熔断器（和自动开关）的额定电

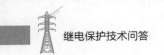

流是否与设计相符或与所接入的负荷相适应，并满足上下级之间的配合。

（4）检查屏柜上的设备及端子排上内部、外部连线的接线应正确，接触应牢靠，标号应完整准确，且应与图纸和运行规程相符合。检查电缆终端和沿电缆敷设路线上的电缆标牌是否正确完整，并应与设计相符。

（5）检验直流回路确实没有寄生回路存在。检验时应根据回路设计的具体情况，用分别断开回路的一些可能在运行中断开（如熔断器、指示灯等）的设备及使回路中某些触点闭合的方法来检验。每一套独立的装置，均应有专用于直接到直流熔断器正负极电源的专用端子对，这一套保护的全部直流回路包括跳闸出口继电器的线圈回路，都必须且只能从这一对专用端子取得直流的正、负电源。

（6）信号回路及设备可不进行单独的检验。

3. 对于双屏蔽层的二次电缆，从抗干扰角度考虑，内、外屏蔽层应如何接地？为什么？【中】

答：（1）对于双屏蔽层的二次电缆，由于外屏蔽层本身为导体，外界干扰一般在该层感应，应两端接地。只有如此，方可为感应电流形成完整回路，从而产生反向磁通，抵消外界磁干扰的影响。

（2）对于内屏蔽层，经外屏蔽层屏蔽后，可能因为地电位的不平衡产生差模干扰，宜在户内端一点接地，如此，内屏蔽层中保护端干扰电压较低，由于电容效应，对内导体影响也较小。

4. 简述互感器二次接地的意义以及电压互感器、电流互感器二次回路如果出现两个及以上接地点的危害。【中】

答：互感器二次回路的接地是安全接地，防止由于互感器及二次电缆对地电容的影响而造成二次系统对地产生过电压。

如果电压互感器二次回路出现两个及以上的接地点，则将在一次系统发生接地故障时，由于不同接地点之间的电位不相同，会流过电流，并形成附加电压，造成保护装置感受到的二次电压与故障相实际二次电压不相同，可能造成保护装置不正确动作。

如果电流互感器二次回路出现两个及以上的接地点，则将在一次系统发生接地故障时，由于不同接地点之间的电位不相同，会流过电流，使通入保护装置的零序电流出现较大偏差，可能造成保护装置不正确动作。

5. 分析以下情况变比误差是否满足规程要求。

某电流互感器的变比为 1500A/1A， 二次接入负载阻抗 5Ω （包括电流互感器二次漏抗及电缆电阻）， 电流互感器伏安特性试验得到的一组数据为电压 120V 时， 电流为 1A。 试问当其一次侧通过的最大短路电流为 30000A 时， 其变比误差是否满足规程要求？ 并说明理由。 【中】

答：最大短路电流为 30000A 时，其二次电流 I_2＝30000/1500＝20A，假若此时的励磁电流 I_F＝1A，则电流互感器二次侧的电压 U_2＝（20－1）×5＝95V，由伏安特性可知，U＝120V 时，I_F＝1A，而此时 U_2＝95V；小于 120V，可知此时接 5Ω 负载时的励磁电流小于 1A。

误差 $\delta<$ （1/20）＝5％＜10％， 满足规程要求。

6. 简述新安装模拟量输入式合并单元的单体调试要求。 【易】

答：新安装模拟量输入式合并单元的单体调试要求为：

（1） 检验合并单元输出 SV 数据通道与装置模拟量输入关联的正确性，检查相关通信参数是否符合 SCD 文件配置。如用直采方式，SV 数据输出还应检验是否满足 Q/GDW 441—2010《智能变电站继电保护技术规范》要求的等间隔输出及带延时参数的要求。

（2） 应分别检验合并单元网络采样模式（同步脉冲）和点对点（插值）直接采样模式的准确度，还应检验合并单元的模拟量采样线性度、零漂、极性等。

（3） 如合并单元具备电压并列功能，应模拟并列条件检验合并单元电压并列功能；如合并单元具备电压切换功能，应模拟切换条件检验合并单元电压切换功能。

7. 简述线路间隔内保护装置与智能终端之间采用的跳闸方式、 保护装置的采样传输方式以及跨间隔信息（例如启动母线保护失灵功能和母线保护动作远跳功能等） 采用的传输方式。 【中】

答：保护装置与智能终端之间采用的跳闸方式为光纤 GOOSE 点对点或 GOOSE 组网；保护装置的采样传输方式为光纤点对点；跨间隔信息多为 GOOSE 组网。

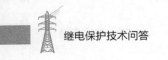

第三节 工 程 实 践

1. 存在合后、分后双位置 KKJ 继电器的开关操作箱，备自投动作跳、合闸接线应该如何接入？【中】

答：存在合后、分后双位置 KKJ 继电器的开关操作箱，备自投动作跳闸线芯应接入保护跳闸回路，不得接入手跳回路。合闸回路接入手合回路。

2. 试述变更二次回路接线时的注意事项。【中】

答：变更二次回路接线应注意以下事项：

（1）修改二次回路接线图，新的接线图必须经过审核。更改接线前要与原图核对，更改后要与新图核对。及时修改底图，修改运行人员及有关各级继电保护人员用的图纸。

（2）修改后的图纸应及时报送直接调度管辖的继电保护部门。

（3）保护装置二次线变动或更改时，严防寄生回路存在，应拆除没有用的线。

（4）变动直流回路后，应进行相应的传动试验，必要时还应模拟各种故障进行整组试验。

（5）电压、电流二次回路变动后，要用负荷电压、电流检查变动后回路的正确性。

3. 某双母线接线形式的变电站，每一母线上配有一组电压互感器，母联断路器在合入状态，该站某出线出口发生接地故障后，查阅录波图发现：无故障时两组电压互感器对应相的二次电压相等，故障时两组电压互感器对应相的二次电压不同，请问：造成此现象的最可能的原因可能是什么？如果不解决此问题，假设保护采用自产 $3U_0$，会对保护装置的动作行为产生什么影响？【难】

答：（1）造成此现象的最可能的原因：电压互感器二次存在两个接地点。

（2）如不解决此问题，采用自产 $3U_0$ 的保护，区外故障有可能误动或区内故障有可能拒动。

4. 运行中电流互感器发生故障时应怎样处理？【中】

答：运行中发现电流互感器故障后，若严重时，应立即切断电源，然后汇报上级，组织检修。当发现电流互感器的二次回路接头发热或断开时，若不切断电源，也应将一次电流调整到很小或空载，然后用安全工具设法拧紧，或在电流互感器附近的端子将其短路；如无法处理，应将电流互感器停电后再作处理。

5. 在带电的电压互感器二次回路上工作时应采取哪些措施？【中】

答：在带电的电压互感器二次回路上工作时应采取的措施有：

（1）严格防止短路或接地。应使用绝缘工具，戴手套。必要时，工作前申请停用有关保护装置、安全自动装置或自动化监控系统。

（2）接临时负载，应装有专用的隔离开关（刀闸）和熔断器或空气开关。

（3）工作时应有专人监护，严禁将回路的安全接地点断开。

6. 电压互感器二次绕组和辅助绕组接线以及电流回路二次接线如图所示，请说明电压互感器二次绕组和辅助绕组接线有何错误，为什么？【难】

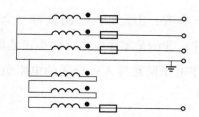

答：（1）错误1：图中接线二次绕组零线和辅助绕组零线共用一根缆芯。正确接法应分别独立从开关场引线至控制室后，在控制室将两根零线接在一块并可靠一点接地。

原因说明：图中接线，在一次系统发生接地故障时，开口三角 $3U_0$ 电压有部分压降落在中性线电阻上，致使微机保护的自产 $3U_0$ 因含有该部分压降而存在误差，零序方向保护可能发生误动或拒动。

（2）错误2：对于图中接线，开口三角引出线不应装设熔断器。

在正常情况下，由于开口三角无电压，两根引出线间发生短路也不会熔断起保护作用，相反的，若熔断器损坏而又不能及时发现，在发生接地故障时，$3U_0$ 又不能送到控制室供保护和测量使用。

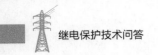

7. 如何减小差动保护的稳态和暂态不平衡电流？【难】

答：减小差动保护不平衡电流的措施主要为：

（1）差动保护各侧电流互感器同型（短路电流倍数相近，不准 P 级与 TP 级混用）。

（2）各侧电流互感器的二次负荷与相应侧电流互感器的容量成比例（大容量接大的二次负载）。

（3）电流互感器铁芯饱和特性相近。

（4）二次回路时间常数应尽量接近。

（5）在短路电流倍数、电流互感器容量、二次负荷的设计选型上留有足够余量（例如计算值/选用值之比大于 $1.5 \sim 2.0$）。

（6）必要时采用同变比的两个电流互感器串联应用，或两根二次电缆并联使用。

（7）P 级互感器铁芯增开气隙（即 PR 型电流互感器）。

8. 新投入或经更改的电压回路应利用工作电压进行哪些检验？【中】

答：应进行的检验工作有：①定相；②测量每一个二次绕组的电压；③测量相间电压；④检验相序；⑤测量零序电压（对小接地电流系统的电压互感器，在带电测量前，应在零序电压回路接入一合适的电阻负载，避免出现铁磁谐振现象，造成错误测量）。

9. 继电保护及自动装置中所涉及的二次回路主要有哪些？【中】

答：二次回路通常包括：①用以采集一次系统电压、电流信号的交流电压、交流电流回路；②用以对断路器及隔离开关等设备进行操作的控制回路；③用以对发电机励磁回路、主变压器分接头进行控制的调节回路；④用以反映一、二次设备运行状态、异常及故障情况的信号回路；⑤用以供二次设备工作的电源系统等。

10. 直流电源系统绝缘监测装置的平衡桥和检测桥的接地端以及微机型继电保护装置柜屏内的交流供电电源（照明、打印机和调制解调器）的中性线（零线）是否应接入保护专用的等电位接地网，为什么？【中】

答：直流电源系统绝缘监测装置的平衡桥和检测桥的接地端以及微机型继

电保护装置柜屏内的交流供电电源（照明、打印机和调制解调器）的中性线（零线）不应接入保护专用的等电位接地网。因为：

（1）直流电源系统绝缘监测装置为检测直流系统对地绝缘是否良好，其平衡桥和检测桥的接地端应和变电站的主地网直接连接。防止直流接地电流流经等电位地网，对保护装置形成干扰。

（2）交流供电电源的中性线（零线）应与"火线"同缆引入。防止交流电源接通时，工频电流过等电位地网，对保护装置形成干扰。

11. 220kV 及以上国产多绕组的电流互感器，其二次绕组的排列次序和保护使用应遵循什么原则？ 【难】

答：电流互感器二次绕组的排列次序和使用应遵循的原则有：①具有小瓷套管的一次端子应放在母线侧；②母差保护的保护范围应尽量避开电流互感器的底部；③后备保护应尽可能用靠近母线的电流互感器二次绕组；④使用电流互感器二次绕组的各类保护要避免保护死区。

12. 试说明断路器操动机构 "压力低闭锁重合闸" 的触点如不接入重合闸装置会出现什么问题。 接入 "压力低闭锁重合闸" 和 "闭锁重合" 有何区别？ 【难】

答："压力低闭锁重合闸"回路缺失将会带来如下问题：

（1）断路器运行中，如操动机构的实际压力因故低于"重合闸闭锁"的压力且未能启动打压恢复至额定值时，若对应线路发生故障，"分—合分"的重合闸循环可能损坏断路器，甚至导致断路器爆炸。

（2）正常运行中线路发生故障时，在断路器完成一个"分—合分"的操作循环后，操动机构的压力如果低于"合闸闭锁"或"操作闭锁"值，断路器本体控制回路将断开合闸回路或分、合闸回路。

其结果是：虽然断路器在分闸位置，但操作箱跳闸位置继电器 TWJ 因合闸回路被断开而不能动作，重合闸装置具备了"充电"条件之一。如果操动机构"压力低闭锁重合"回路没有接至重合闸装置，只要操动机构启动打压、压力恢复至"合闸闭锁解除"或"操作闭锁解除"所需的时间长于重合闸装置"充电"时间（一般为 15s），则重合闸装置即可以"充满电"，做好重合的准备。待操动

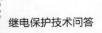

机构压力恢复、合闸回路接通时，TWJ 动作启动重合闸，经过重合闸延时后就会发出合闸命令，控制断路器再合次闸。

显然，上述情形的断路器再次合闸行为是非预期的；在线路发生永久性故障的情况下，重合闸和线路保护交替动作，则会造成断路器循 环合、跳的现象，是极其危险的。

微机型重合闸装置的"压力低闭锁重合闸"和"闭锁重合"的端子含义有区别。"闭锁重合"端子为始终有效；"压力低闭锁重合闸"仅在重合闸装置正常运行程序中连续监视，装置启动后即不再判别，目的是避免在断路器跳闸、操动机构正常的压力降低时误闭锁重合闸。

13. 在智能变电站中，继电保护相关设备的定义是什么？【易】

答：在智能变电站中，与继电保护设备共同完成继电保护功能的过程层网络、合并单元、传统互感器模数转换部分、智能终端等设备。

14. 保护动作正确，智能终端无法实现跳闸时，应检查哪些项目？【中】

答：保护动作正确，智能终端无法实现跳闸时，应检查的项目有：①输入光纤的完好性；②装置是否在正常工作状态；③是否收到 GOOSE 跳闸报文；④输出触点是否动作；⑤输出二次回路的正确性；⑥两侧检修压板位置是否一致；⑦出口压板是否投入。

第四章 线 路 保 护

第一节 理 论 基 础

1. 什么是输电线路单侧电气量保护？【易】

答：输电线路单侧电气量保护是指依靠线路一端的电流、电压量来判断区内、区外故障的保护称作单侧电气量保护。距离保护、过电流保护等都属于单侧电气量保护。

2. 简述差动保护中设置纵联标识码的意义。【易】

答：为提高数字式通道线路保护装置的可靠性，保护装置提供纵联标识码功能，在定值项中分别有"本侧识别码"和"对侧识别码"两项用来完成纵联标识码功能。本侧识别码和对侧识别码需在定值项中整定，范围均为00000～65535，识别码的整定应保证全网运行的保护设备具有唯一性，即正常运行时，本侧识别码与对侧识别码应不同，且与本线的另一套保护的识别码不同，也应该和其他线路保护装置的识别码不同（保护校验时可以整定相同，表示自环方式）。

保护装置根据本装置定值中本侧识别码和对侧识别码定值决定本装置的主从机方式，同时决定是否为通道自环试验方式，若本侧识别码和对侧识别码整定一样，表示为通道自环试验方式，若本侧识别码大于等于对侧识别码，表示本侧为主机，反之为从机。

3. 重合闸重合于永久性故障上对电力系统有什么不利影响？哪些情况下不能采用重合闸？【易】

答：当重合闸重合于永久性故障时，主要有以下两个方面的不利影响：①使电力系统又一次受到故障的冲击；②使断路器的工作条件变得更加严重，因为在连续短时间内，断路器要两次切断电弧。

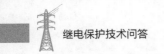

只有在个别的情况，由于受系统条件的限制，不能使用重合闸。例如，断路器遮断容量不足；防止出现非同期情况；或有的特大型机组，在第一次切除线路多相故障后，在故障时它所承受的机械应力衰减要带较长延时，为了防止重合于永久性故障，由于机械应力叠加而可能损坏机组时，也不允许使用重合闸。

4. 装有重合闸的线路、变压器，当它们的断路器跳闸后，在哪些情况下不允许或不能重合？【易】

答：在以下情况下不允许或不能重合：①手跳；②断路器失灵跳闸；③远方跳闸；④断路器操作气压下降到允许值以下时跳闸；⑤重合闸停用时跳闸；⑥重合闸至单重，三相跳闸；⑦重合于永久故障又跳闸；⑧母差保护动作；⑨变压器差动、瓦斯保护等动作跳闸。

5. 为什么距离保护的Ⅰ段保护范围通常选择为被保护线路全长的 80%～85%？【易】

答：距离保护Ⅰ段的动作时限为保护装置本身的固有动作时间，为了和相邻的下一线路的距离保护Ⅰ段有选择性的配合，两者的保护范围不能有重叠的部分，否则，本线路Ⅰ段的保护范围会延伸到下一线路，造成无选择性动作。

保护定值计算用的线路参数有误差，电压互感器和电流互感器的测量也有误差。考虑最不利的情况，若这些误差为正值相加，如果Ⅰ段的保护范围为被保护线路的全长，就不可避免地要延伸到下一线路。此时，若下一线路出口故障，则相邻的两条线路的Ⅰ段会同时动作，造成无选择性的切断故障。

因此，距离保护的Ⅰ段通常取被保护线路全长的 80%～85%。

6. 在 110～220kV 中性点直接接地电网中，后备保护的装设应遵循哪些原则？【易】

答：后备保护应按下列原则配置：①110kV 线路保护宜采用远后备方式；②220kV 线路保护宜采用近后备方式。

7. 引起光纤差动保护差流异常有哪些可能因素？【易】

答：引起光纤差动保护差流异常可能的因素有：①光纤纵联通道双向来回路由不一致；②光纤差动保护两侧采样不同步；③电流互感器极性接反；④电

流互感器变比整定错误；⑤装置交流插件型号配置错误（1A、5A）；⑥智能站保护装置电流正反极性虚端子配置错。

8. 220kV 线路光纤差动保护中另设有零差保护，其作用如何？【易】

答：解决单相接地故障时的高阻接地，差动保护灵敏度不够的问题。

9. 简述 220kV 智能变电站线路保护配置方案。【易】

答：每回线路应配置 2 套包含有完整的主、后备保护功能的线路保护装置。合并单元、智能终端均应采用双套配置，保护采用安装在线路上的电流互感器、电压互感器获得电流电压。用于检同期的母线电压由母线合并单元点对点通过间隔合并单元转接给各间隔保护装置。

10. 简述光纤差动保护中，设置电容电流补偿的意义和方法。【易】

答：对于较长的输电线路，电容电流较大，为提高经过渡电阻故障时的灵敏度，需进行电容电流补偿。电容电流补偿法可分为稳态电容电流补偿和暂态电容电流补偿补偿。对于较短的输电线路，电容电流很小，差动保护无需电容电流补偿功能即可满足灵敏度的要求。可通过控制字"电流补偿"将电容电流补偿功能退出。

11. 在有一侧为弱电源的线路内部故障时，防止纵联电流差动保护拒动的措施是什么？【中】

答：在发生短路以后，弱电侧由于三相电流为零、又无电流的突变，故启动元件不启动。于是无法向对侧发"差动动作"的允许信号，因此造成电源侧的纵差保护因收不到允许信号而无法跳闸。

为解决此问题，在纵联电流差动保护中除了有相电流差突变量启动元件、零序电流启动元件和不对应启动元件以外，再增加一个"低压差流启动元件"。该启动元件的启动条件为：①差流元件动作；②差流元件的动作相或动作相间的电压小于 0.6 倍的额定电压；③收到对侧的"差动动作"的允许信号；同时满足上述三个条件该启动元件启动。

12. 对适用于 220kV 及以上电压线路的保护装置，应满足什么要求？【中】

答：对适用于 220kV 及以上电压线路的保护装置，应满足的要求有：

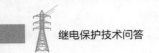

（1）除具有全线速动的纵联保护功能外，还应至少具有三段式相间、接地距离保护，反时限和/或定时限零序方向电流保护的后备保护功能。

（2）对有监视的保护通道，在系统正常情况下，通道发生故障或出现异常情况时，应发出告警信号。

（3）能适用于弱电源情况。

（4）在交流失压情况下，应具有在失压情况下自动投入的后备保护功能，并允许不保证选择性。

13. 220kV 及以上电压等级的线路保护应满足哪些要求？【中】

答：220kV 及以上电压等级的线路保护应满足以下要求：

（1）每套保护均应能对全线路内发生的各种类型故障快速动作切除。对于要求实现单相重合闸的线路，在线路发生单相经高阻接地故障时，应能正确选相跳闸。

（2）对于远距离、重负荷线路及事故过负荷等情况，继电保护装置应采取有效措施，防止相间、接地距离保护在系统发生较大的潮流转移时误动作。

（3）引入两组及以上电流互感器构成合电流的保护装置，各组电流互感器应分别引入保护装置，不应通过装置外部回路形成合电流。对已投入运行采用合电流引入保护装置的，应结合设备运行评估情况，逐步技术改造。

14. 对于采用单相重合闸的 220kV 及以上线路接地保护（无论是零序电流保护或接地距离保护）的第 II 段时间整定应考虑哪些因素？【中】

答：应考虑以下因素：

（1）与失灵保护的配合。

（2）当相邻保护采用单相重合闸方式时，如果选相元件在单相接地故障时拒动，将经一短延时（如 0.25s 左右）转为跳三相，第 II 段接地保护的整定也应当可靠地躲开这种特殊故障。总之第 II 段时间可整定为 0.5s，如果与相邻线路第 II 段时间配合应再增加一个级差时间。

15. 什么是低频振荡？ 产生低频振荡的原因是什么？ 【中】

答：系统缺乏阻尼甚至阻尼为负，对应发电机转子间的相对摇摆，表现在输电线路上就出现功率波动，由系统缺乏阻尼或系统负阻尼引起的输电线路上的功率波动频率一般为 0.2~2.5Hz，通常称之为低频振荡（又称功率振荡、机电振荡）。低频振荡产生的原因是由于电力系统的负阻尼效应，常出现在弱联系、远距离、重负荷输电线路上，在采用快速、高放大倍数励磁系统的条件下更容易发生。

16. 设短引线保护装置的作用是什么？【中】

答：主接线采用 3/2 断路器接线方式的一串断路器。当一串断路器中一条线路停用，则该线路侧的隔离开关将断开，此时保护用电压互感器也停电，线路主保护停用，因此该范围短引线故障，将没有快速保护切除故障。为此需设置短引线保护，即短引线纵联差动保护。在上述故障情况下，该保护可快速切除故障。

当线路运行，线路侧隔离开关投入时，该短引线保护在线路侧故障时，将无选择地动作，因此必须将该短引线保护停用。一般可由隔离开关的辅助触点控制，在隔离开关合闸时使短引线保护停用。

17. 为什么在距离保护的振荡闭锁中采用对称开放或不对称开放？【中】

答：距离保护在振荡时可能会误动作，对于那些在故障发生后短时开放其Ⅰ、Ⅱ段的距离保护，当振荡中又发生故障时，就无法快速切除故障。振荡中发生不对称故障和对称故障时的情况是不同的，所以采用对称开放和不对称原理开放距离保护应是较好的选择。

18. 当距离保护接线路电压互感器时，手动合闸于出口三相短路故障，距离保护能否加速跳闸？为什么？【中】

答：当距离保护接线路电压互感器时，手动合闸于出口三相短路故障，距离保护能加速跳闸。因为手动合闸时，合闸触点闭合，将Ⅰ、Ⅱ段阻抗元件和Ⅲ段阻抗元件由方向阻抗切换到带偏移的阻抗元件。所以手动合闸于出口三相短路时，阻抗元件就立即动作，实现手动合闸加速切除故障。

19. 大接地电流系统中，为什么有时要加装零序功率方向继电器组成零序电流方向保护？【中】

答：大接地电流系统中，如线路两端的变压器中性都接地，当线路上发生接地短路时，在故障点与各变压器中性点之间都有零序电流流过，其情况和两

侧电源供电系统中的相间故障电流保护一样。为了保证各零序电流保护有选择性动作和降低定值，就必须加装方向继电器，使其动作带有方向性。

20. 对于保护光缆通道的基本要求是什么？【中】

答：对于保护光缆通道的基本要求是：

（1）保护复用光纤通信网络通道误码率应小于 1.0×10^{-6}。

（2）保护复用光纤通信网络的中间接点数不宜超过 6 个，中间传输距离不宜超过 1000km，正常传输总时间（包括接口调制解调时间）应小于 10ms。

（3）在继电保护室应设置一面通信接口屏，保护专用纤芯应在该通信接口屏成端。

（4）用于保护的尾纤必须加护套防护，防止折断和鼠咬。

（5）保护用尾纤的接口方式宜采用 FC 接口。

（6）保护到通信机房之间的连接光缆应随通道相互独立，避免一根连接光缆的损坏造成多个通道中断。

21. 为什么定时限过电流保护的灵敏度、动作时间需要同时逐级配合，而电流速断保护的灵敏度不需要逐级配合？【中】

答：因为定时限过电流保护不仅应能保护本线路全长，而且也能保护相邻下一线路的全长，起到后备保护的作用——近后备和远后备，所以需要同时逐级配合；而电流速断保护只需要保护本线路的一部分，所以不需要与下级的配合。

22. 简述差动保护中发送时钟和接收时钟的含义。【中】

答：数字差动保护的关键是线路两侧装置之间的数据交换，差动保护装置发送和接收数据采用各自的时钟，分别为发送时钟和接收时钟。保护装置的接收时钟固定从接收码流中提取，保证接收过程中没有误码和滑码产生。发送时钟可以有两种方式：采用内部晶振时钟和采用接收时钟作为发送时钟。采用内部晶振时钟作为发送时钟常称为内时钟（主时钟）方式，采用接收时钟作为发送时钟常称为外时钟（从时钟）方式。

23. 纵联保护的信号有哪几种？【中】

答：纵联保护的信号有：

（1）闭锁信号。它是阻止保护动作于跳闸的信号。无闭锁信号是保护作用于跳闸的必要条件。只有同时满足本端保护元件动作和无闭锁信号两个条件时，保护才作用于跳闸。

（2）允许信号。它是允许保护动作于跳闸的信号。有允许信号是保护动作于跳闸的必要条件。只有同时满足本端保护元件动作和有允许信号两个条件时，保护才动作于跳闸。

（3）跳闸信号。它是直接引起跳闸的元件。此时与保护元件是否动作无关，只要收到跳闸信号，保护就作用于跳闸，远方跳闸式保护就是利用跳闸信号。

24. 线路纵联保护是由线路两侧的设备共同构成的一整套保护，如果保护装置的不正确动作是因为一侧设备的不正确状态引起的，在统计动作次数时，请问应如何统计评价？ 【中】

答：如果保护装置的不正确动作是因为一侧设备的不正确状态引起的，则应由引起不正确动作的一侧统计，另一侧不统计。

25. 说明电流速断、限时电流速断联合工作时，依靠什么环节保证保护动作的选择性？ 依靠什么环节保护动作的灵敏性和速动性？ 【难】

答：电流速断保护的动作电流必须按照躲开本线路末端的最大短路电流来整定，即考虑电流整定值保证选择性。这样，它将不能保护线路全长，而只能保护线路全长的一部分，灵敏度不够。限时电流速断的整定值低于电流速断保护的动作短路，按躲开下级线路电流速断保护的最大动作范围来整定，提高了保护动作的灵敏性，但是为了保证下级线路短时不误动，增加了一个时限阶段的延时，在下级线路故障时由下级的电流速断保护切除故障，保证它的选择性。

电流速断和限时电流速断相配合保护线路全长。速断范围内的故障由速断保护快速切除，速断范围外的故障则必须由限时电流速断保护切除。速断保护的速断性好，但动作值高、灵敏性差；限时电流速断保护的动作值低、灵敏度高，但需要 $0.3\sim0.6s$ 的延时才能动作。速断和限时速断保护的配合，既保证了动作的灵敏性，也能够满足速动性的要求。

26. 简述光纤差动保护中同步方法中的 "采样时刻调整法"。 【难】

答：装置刚上电时或测得的两侧采样时间差 ΔT_s 超过规定值时，启动一次

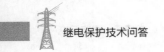

同步过程。

同步过程中要先测定通道传输延时 T_d。测得通道传输延时 T_d 后，从机端可根据收到主机报文时刻 t_{sr} 求得两侧采样时间差 ΔT_S，随后从机端从下一采样时刻起对采样时刻作多次小步幅的调整，而主机侧采样时刻保持不变。经过一段时间调整直到采样时间差 ΔT_S 至零，两侧同步采样。

由于在启动同步过程时两侧采样时间差比较大，所以在同步过程中两侧纵联电流差动保护自动退出。但由于从机端每次仅作小步幅调整，对从机端装置内的其他保护（反应一侧电气量的保护）影响甚微，所以其他保护仍旧能正常工作，不必退出。

在正常运行过程中从机端一直在测量两侧采样时间差 ΔT_S。当测得的 ΔT_S 大于调整的步幅时，从机端立即将采样时刻作小步幅调整，这个工作平时一直在做。由于此时 ΔT_S 的值很小，对保护没有影响，故作这种调整时纵联电流差动保护仍然是投入的。

从上述采样时刻调整方法看主机与从机之间收发的通道传输延时应该相等，这要求通道收发的路由应相同。如果路由不同，采样时刻调整法无法调整到同步采样。

27. 线路接地距离保护需用到零序补偿系数。线路的零序互阻抗的大小会影响到零序补偿系数的数值。为保证接地距离 I 段的选择性及接地距离 II 段的灵敏性，请问应如何考虑合理选择线路接地距离保护的零序补偿系数及整定值（可以举例说明）？【中】

答：为消除零序互感对零序补偿系数的影响，采取的对策有：①为保证接地距离 I 段的选择性，装置零序补偿系数整定值通常取小于零序补偿系数的实际值（极端情况，当零序互感很大时，可取零序补偿系数为零）；②为保证在零序补偿系数整定值比实际值小后，接地距离 II 段仍能具有规程规定的灵敏度（大于 1.5），接地距离 II 段整定值应放大。

举例：设未考虑零序互感影响的零序补偿系数实际值为 0.5，为消除零序互感的影响，可将零序补偿系数整定值取为小于该实际值，如取 0。此时，可以避免接地距离 I 段的非选择性动作；同时，为了保证接地距离 II 段仍具有规程规定

同步过程。

同步过程中要先测定通道传输延时 T_d。测得通道传输延时 T_d 后，从机端可根据收到主机报文时刻 t_{sr} 求得两侧采样时间差 ΔT_S，随后从机端从下一采样时刻起对采样时刻作多次小步幅的调整，而主机侧采样时刻保持不变。经过一段时间调整直到采样时间差 ΔT_S 至零，两侧同步采样。

由于在启动同步过程时两侧采样时间差比较大，所以在同步过程中两侧纵联电流差动保护自动退出。但由于从机端每次仅作小步幅调整，对从机端装置内的其他保护（反应一侧电气量的保护）影响甚微，所以其他保护仍旧能正常工作，不必退出。

在正常运行过程中从机端一直在测量两侧采样时间差 ΔT_S。当测得的 ΔT_S 大于调整的步幅时，从机端立即将采样时刻作小步幅调整，这个工作平时一直在做。由于此时 ΔT_S 的值很小，对保护没有影响，故作这种调整时纵联电流差动保护仍然是投入的。

从上述采样时刻调整方法看主机与从机之间收发的通道传输延时应该相等，这要求通道收发的路由应相同。如果路由不同，采样时刻调整法无法调整到同步采样。

27. 线路接地距离保护需用到零序补偿系数。线路的零序互阻抗的大小会影响到零序补偿系数的数值。为保证接地距离 I 段的选择性及接地距离 II 段的灵敏性，请问应如何考虑合理选择线路接地距离保护的零序补偿系数及整定值（可以举例说明）？【中】

答：为消除零序互感对零序补偿系数的影响，采取的对策有：①为保证接地距离 I 段的选择性，装置零序补偿系数整定值通常取小于零序补偿系数的实际值（极端情况，当零序互感很大时，可取零序补偿系数为零）；②为保证在零序补偿系数整定值比实际值小后，接地距离 II 段仍能具有规程规定的灵敏度（大于 1.5），接地距离 II 段整定值应放大。

举例：设未考虑零序互感影响的零序补偿系数实际值为 0.5，为消除零序互感的影响，可将零序补偿系数整定值取为小于该实际值，如取 0。此时，可以避免接地距离 I 段的非选择性动作；同时，为了保证接地距离 II 段仍具有规程规定

的灵敏度，该段整定值应不小于 $[(1+0.5)/(1+0)] \times 1.5 \times Z_\text{II} = 2.25 \times Z_\text{II}$。

28. 简述 220kV 电压等级智能变电站线路保护配置方案。【难】

答：每回线路应配置两套包含有完整的主、后备保护功能的线路保护装置。合并单元、智能终端均应采用双套配置，保护采用安装在线路上的 ECVT 获得电流电压。用于检同期的母线电压由母线合并单元点对点通过间隔合并单元转接给各间隔保护装置。

29. 对双端供电的线路，检同期与检无压能否任意改变，为什么？【中】

答：对双端供电的线路，检同期与检无压不能任意改变，因为按照发电机并列运行的要求，当系统解列时，两部分网络中由于周波变动而有差异，这时如果不检查同期并列发生是很危险的，所以规定在双电源联络线中当一端投检无压重合闸时另一端只投检查同期重合闸，两端可以定期进行互换，但不能任意改变。

30. 请写出零序补偿系数的计算公式，并简述线路接地距离保护要采用零序补偿系数的原因。【易】

答：零序补偿系数：$K_\text{n} = (Z_0 - Z_1)/3Z_1$。采用零序补偿系数，是为了使接地距离保护装置的测量阻抗在接地故障时正比于保护安装处到故障点之间的线路正序阻抗。

31. 简述平行线路线间互感对纵联零序方向保护的影响及相关措施。【难】

答：主要影响：①两条没有任何电气联系的平行线路，只要存在零序互感，当一条线路有零序电流时另一套线路的纵联零序方向保护将误动；②在同杆并架双回线上，只要两回线有一端是直接相连的，一回线接地故障时，另一回线的纵联零序方向保护不会误动；③在弱电强磁联系的两条线路上，当一条线路上有零序电流时，可能造成另一条线路的纵联零序方向保护误动。

相关措施：①通过定值躲过相邻线故障时可能出现的最大零序电流；②增加负序方向元件辅助判别。

32. 防止和应涌流误动的措施有哪些？【难】

答：差动保护差流启动值在保证变压器低压侧故障的灵敏度足够的情况下，

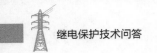

尽可能取高值，躲过和应涌流产生的差流。可将差动启动值由 $0.3I_e$ 改为 $0.5I_e$。

差动保护的二次谐波闭锁值应尽可能地选取小值。可将二次谐波制动系数由 17% 改为 15%，甚至根据现场实测值选取更小值，通常不得小于 12%。

防止电流互感器的暂态饱和引起差动保护误动，选择有气隙的铁芯互感器，或适当地增大电流互感器变比，重视差动保护各侧电流互感器特性及二次回路参数的匹配，严格控制 10% 误差特性，防止在差动继电器中产生较大的不平衡电流。

33. 线路距离保护振荡闭锁的控制原则是什么？【难】

答：线路距离保护振荡闭锁的控制原则一般为：①单侧电源线路和无振荡可能的双侧电源线路的距离保护不应经振荡闭锁；②35kV 及以下线路距离保护不考虑系统振荡误动问题；③预定作为解列点上的距离保护不应经振荡闭锁控制；④躲过振荡中心的距离保护瞬时段不宜经振荡闭锁控制；⑤动作时间大于振荡周期的距离保护段不应经振荡闭锁控制；⑥当系统最大振荡周期为 1.5s 时，动作时间不小于 0.5s 的距离保护Ⅰ段、不小于 1.0s 的距离保护Ⅱ段和不小于 1.5s 的距离保护Ⅲ段不应经振荡闭锁控制。

34. 接地阻抗继电器按 $\dfrac{U_\varphi}{I_\varphi + 3KI_0}$ 接线，其中 K 为实数，为自产零序电流，在只知继电器的灵敏角为 85° 的情况下，如何用试验的方法测出 K 值？【难】

答：（1）在 A、B、C 三相中通入对称的电流 I_x，外加电压使电压超前电流的相角为灵敏角，调节电压 U_1 使断电器动作，其动作阻抗为 $Z = U_1/I_x$。

（2）再在一相（A、B、C 中任一相）与 N 线间通入电流 I_x，外加电压使电压超前电流的相角为灵敏角，调节电压 U_2 使继电器动作，其动作阻抗为 $Z = U_2/(I_x + 3KI_0)$。

（3）因为两种情况下的整定阻抗不变，有 $U_1/I_x = U_2/(I_x + 3KI_0)$，且 $3I_0 = I_x$，则 $K = U_2/U_1 - 1$。

35. 在零序电流保护的整定中，对故障类型和故障方式的选择有什么考虑？【难】

答：零序电流保护的整定，应以常见的故障类型和故障方式为依据。

只考虑单一设备的故障。对两个及以上设备的重叠故障，可视为稀有故障，不作为整定保护的依据。

只考虑常见的、在同一地点发生单相接地或两相短路接地的简单故障，不考虑多点同时短路的复杂故障。

要考虑相邻线路故障对侧断路器先跳闸或单侧重合于故障线路的情况，但不考虑相邻母线故障中性点接地变压器先跳闸的情况（母线故障时，应按规定，保证母联断路器或分段断路器先跳闸）。因为中性点接地变压器先断开，会引起相邻线路的零序故障电流突然增大，如果靠大幅度提高线路零序电流保护瞬时段定值来防止其越级跳闸，显然会严重损害整个电网保护的工作性能，所以必须靠母线保护本身来防止接地变压器先跳闸。

对单相重合闸线路，应考虑两相运行情况（分相操作断路器的三相重合闸线路，原则上靠断路器非全相保护防止出现两相运行情况）。

对三相重合闸线路，应考虑断路器合闸三相不同期的情况。

36. 零序电流分支系数的选择要考虑哪些情况？【难】

答：零序电流分支系数的选择，要通过各种运行方式和线路对侧断路器跳闸前或跳闸后等各种情况进行比较，选取其最大值。在复杂的环网中，分支系数的大小与故障点的位置有关，在考虑与相邻线路零序电流保护配合时，应利用图解法，选用故障点在被配合段保护范围末端时的分支系数。

但为了简化计算，可选用故障点在相邻线路末端时的可能偏高的分支系数，也可选用与故障点位置有关的最大分支系数。

如被配合的相邻线路是与本线路有较大零序互感的平行线路，应考虑相邻线路故障在一侧断路器先断开时的保护配合关系。

37. 试分析该线路高频保护在反方向区外 A 相接地时的动作行为。【难】

微机型线路保护，高频零序方向采用自产 $3\dot{U}_0$，电流回路接线正确，电压回路接线如图所示，存在如下问题：①电压互感器二、三次没有分开，在开关场引入一根 N 线；②在端子排上，$\dot{U}_N$ 错接在 L 线上。

答：接线正确时，区外 A 相故障零序电压为 $\dot{U}_a = \dot{U}_{a0}$，$\dot{U}_b = \dot{U}_{c0}$，$\dot{U}_a + \dot{U}_b + \dot{U}_c = \dot{U}_{a0} + \dot{U}_{b0} + \dot{U}_{c0} = 3\dot{U}_0$。

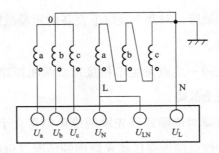

接线错误时，区外 A 相故障零序电压为 $\dot{U}_a=\dot{U}_{a0}-\dot{U}_{LN}$，$\dot{U}_b=\dot{U}_{b0}-\dot{U}_{LN}$，$\dot{U}_c=\dot{U}_{c0}-\dot{U}_{LN}$

保护装置自产 $3\dot{U}_0'$ 为

$$3\dot{U}_0'=\dot{U}_a+\dot{U}_b+\dot{U}_c=\dot{U}_{a0}+\dot{U}_{b0}+\dot{U}_{c0}-3\dot{U}_{LN}=-3\dot{U}_0-3\dot{U}_{LN}$$

考虑电压互感器三次相电压为二次相电压的 $\sqrt{3}$ 倍，即：$\dot{U}_{LN}=\sqrt{3}(3\dot{U}_0)$，故

$$3\dot{U}_0'=3\dot{U}_0-3\dot{U}_{LN}=(1-\sqrt{3})(3\dot{U}_0)\approx-4.2(3\dot{U}_0)$$

该自产 $3\dot{U}_0'$ 与接线正确时相反，因此在区外故障时保护将识破判为区内故障，进而误动。

38. 非全相运行对哪些纵联保护有影响？如何解决非全相运行期间健全相再故障时快速切除故障的问题？【难】

答：非全相运行对采用零序、负序等方向元件作为发停信控制的纵联保护有影响，对判断两侧电流幅值、相位关系的差动等纵联保护无影响。因此，非全相期间应自动将采用零序、负序等方向元件作为发停信控制的纵联保护退出运行，非全相运行期间健全相再故障时，应尽量使用不失去选择性的纵联保护。

39. 按照双重化原则配置的两套线路保护均有重合闸，当其中一套重合闸投入为单相重合闸方式，另一套重合闸把手或控制字置停用位置。试简述该运行方式是否存在隐患。【难】

答：存在。此方式由于停用重合闸的那套保护在单相故障时会沟通三跳，导致开关三跳，这样就会使投入单相重合闸的一套保护因三相跳闸使重合闸放电，导致重合闸失败。

第二节　工　程　理　论

1. 纵联保护的通道有哪几种类型？目前在线路保护，线路保护目前常见使用哪种类型？【易】

答：纵联保护的通道有电力载波、微波、光纤、导引线。目前纵联线路保护多采用光纤通道。

2. 说明 PCS-931-G 系列超高压线路保护定值单中"禁止重合闸"控制字与"停用重合闸"控制字的区别。【易】

答：定值中"禁止重合闸"控制字置"1"，则重合闸退出，但保护仍是选相跳闸的。要实现保护重合闸停用，需将"停用重合闸控制字""停用重合闸软压板""闭锁重合闸硬压板"三者任一投上。

3. 在超高压电网中使用三相重合闸为什么要考虑两侧电源的同期问题？使用单相重合闸是否需要考虑同期问题？【易】

答：三相重合闸时，无论什么故障都要将三相切除，当系统网架结构薄弱时，两侧电源在断路器跳闸以后可能失去同步，因此需要考虑两侧电源同期问题；单相重合闸发生故障时只跳单相，使两侧电源之间仍然保持两相运行，一般是同步的。因此，单相重合闸一般不考虑同期问题。

4. 简述不同重合闸方式的区别。【易】

答：不同重合闸方式的区别如下表所示。

序号	重合闸方式	整定方式	备注
1	单相重合闸	0, 1	单相跳闸单相重合闸方式
2	三相重合闸	0, 1	三相跳闸三相重合方式
3	禁止重合闸	0, 1	仅放电，禁止本装置重合，不沟通三跳
4	停用重合闸	0, 1	既放电，又闭锁重合闸，并沟通三跳

单相重合闸、三相重合闸、禁止重合闸和停用重合闸有且只能有一项置"1"，如不满足此要求，保护装置报警（报"重合方式整定错"）并按停用重合

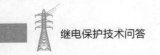

闸处理。

5. 说明设置远方跳闸保护功能的意义。【易】

答：电力系统采用远方跳闸装置的原因是：当电力系统在某种情况下出现故障时，对侧感受到的故障信号不灵敏，远端的断路器不能及时跳闸隔离故障点，则需要用远跳保护来实现。一般为提高传送跳闸命令的可靠性，应设立独立的远方跳闸装置和独立的命令传输通道。

6. 简述远跳不经故障判别时间控制字投退对开入闭锁远跳时间的影响。【易】

答：电流突变量展宽延时应大于远跳经故障判据时间的整定值，远跳开入收回后能快速返回，远跳不经故障判据时间控制字投入时，开入闭锁远跳时间应大于远跳不经故障判据时间的整定值，远跳不经故障判别时间控制字退出时，开入闭锁远跳时间应大于远跳经故障判据时间的整定值。

7. 为保证灵敏度，接地故障保护的最末一段定值应如何整定？【中】

答：零序电流保护最末一段的动作电流应不大于 300A（一次值）。线路末端发生高阻接地故障时，允许线路两侧继电保护装置纵联动作切除故障，接地故障保护最末一段（如零序电流保护四段），应以适应下述短路点接地电阻值的故障为整定条件：220kV 线路为 100Ω；330kV 线路为 150Ω；500kV 线路为 300Ω。

8. 在重载线路中，分相电流纵差保护存在什么问题？采用什么方法解决？【中】

答：在重载线路中，若发生高阻接地故障，对于分相纵差保护，制动电流很大，又由于接地电流很小，动作电流较小，因此灵敏度较低。

目前解决这个问题的方法有两个：①利用工频变化量的差动保护；②采用零序差动保护。两种方法均不反应负荷电流，有高的灵敏度。

9. 线路电压 500kV，有功功率为 0MW，受无功 300Mvar。已知线路电流互感器变比为 1250/1，如此时需要在某一套线路保护屏上进行相量检查，请问若该保护的交流回路接线正确，所测的结果应该怎样？【中】

答：由有功功率为 0，受无功 300Mvar，可判断，线路处在充电状态，即本侧断路器合上，对侧断路器未合。若该保护的交流回路接线正确，则电压互感器二次相电压均为 58V、各相电压之间的夹角为 120°、正相序；电流互感器二次电流均为 277mA，各相电流之间的夹角为 120°、正相序；电流超前电压约 90°。

10. 试说明超范围允许式、超范围闭锁式高频距离保护间的主要不同之处。【中】

答：超范围允许式和超范围闭锁式高频距离保护的主要不同之处如下表所示。

超范围允许式	超范围闭锁式
双频制：本侧收信机只能收对侧信号	单频制：本侧收信机可收本侧信号
收到信号，作为开放跳闸条件之一	收到信号闭锁跳闸出口
一般为相—相制	一般为相—地制
一般采用复用通道	采用专用收发信机
区内故障通道中断影响保护正确动作	区内故障通道中断不影响保护正确动作
区外故障通道中断不会发生误动	区外故障通道中断发生误动
高频通道要求高，处常发信状态，一直监视	高频通道需按时检查，不能一直监视

11. 某些距离保护在电压互感器二次回路断相时不会立即误动作，为什么仍需装设电压回路断相闭锁装置？【中】

答：目前有些新型的或经过改装的距离保护，启动回路经负序电流元件闭锁，当发生电压互感器二次回路断相时，尽管阻抗元件会误动，但因负序电流元件不启动，保护装置不会立即引起误动作。但当电压互感器二次回路断相而又遇到穿越性故障时仍会出现误动，所以还要在发生电压互感器二次回路断相时发信号，并经大于第Ⅲ段延时的时间启动闭锁保护。

12. 某输电线路光纤分相电流差动保护，一侧电流互感器变比为 1200/5，另一侧电流互感器变比为 600/1，因不慎误将 1200/5 的二次额定电流错设为 1A，试分析正常运行、发生故障时有何问题发生？【中】

答：正常运行时，因有差流存在，所以当线路负荷电流达到一定值时，差流会告警。

外部短路故障时，此时线路两侧测量到的差动回路电流均增大，制动电流减小，故两侧保护均有可能发生误动作。内部短路故障时，两侧测量到的差动

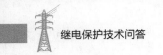

回路电流均减小，制动电流增大，故灵敏度降低，严重时可能发生拒动。

13. 简述双母线接线方式下，合并单元故障或失电时，线路保护装置的处理方式。【中】

答：如果是电压互感器合并单元故障或失电，线路保护装置接收电压采样无效，闭锁与电压相关的保护（如纵联和距离保护），如果是线路合并单元故障或失电，线路保护装置接收线路电流采样无效，闭锁所有保护。

14. 电气化铁路对常规距离保护有何影响？【中】

答：（1）电气化铁路是单相不对称负荷，使系统中的基波负序分量及电流突变量大大增加。

（2）电气化铁路换流的影响，使系统中各次谐波分量骤增。

（3）电流的基波负序分量、突变量以及高次谐波均导致距离保护振荡闭锁频繁开放。

（4）对距离保护的影响是：频繁开放增加了误动作概率；电源开放继电器频繁动作可能使触点烧坏。

15. "TA断线闭锁差动"控制字的作用是什么？【中】

答：电流互感器断线瞬间，断线侧的启动元件和差动继电器可能动作，但对侧的启动元件不动作，不会向本侧发差动保护动作信号，从而保证纵联差动不会误动。

电流互感器断线时发生故障或系统扰动导致启动元件动作，若控制字"TA断线闭锁差动"整定为"1"，则闭锁对应TA断线相的电流差动保护，非断线相的电流差动保护仍然投入；若控制字"TA断线闭锁差动"整定为"0"，且TA断线相差流大于"TA断线差流定值"（整定值），仍开放该相的电流差动保护，非断线相的电流差动保护仍然投入。

TA断线后，闭锁零序电流差动保护，同时线路两侧相电流差动保护在满足差动动作条件后经150ms三跳并且闭锁重合闸。

16. 500kV线路保护远跳就地判别装置为什么采用低功率判据？【难】

答：500kV远跳一般在过电压和断路器失灵的情况启动针对远跳的就地判别装置。对于过电压情况下则必须采用低功率进行就地判别。对于断路器失灵情况下，500kV开关失灵只考虑单相失灵。因此在开关失灵情况下，则必有两相跳开，利用相低功率或门进行就地判别。

17. 距离保护应用于短线路时可能会出现哪些问题？【难】

答：短线路的特点是本线路的阻抗与保护背后电源等值阻抗之比值很小，这种情况往往发生在本线路很短，保护背后的运行方式又很小的时候，此时距离保护可能会出现如下一些问题：

（1）在本线路末端短路时保护安装处的残压非常低，由于保护装置模数转换器的量化误差等原因使测量电压的误差百分数可能较大，影响测量的准确性（通常称为电压低于距离保护的最小精确工作电压）。

（2）如果保护背后电源的等值阻抗很大，在距离Ⅰ段范围内短路和线路末端短路时保护测量到的电流差别不大。

（3）这样，反应电压、电流比值的测量阻抗由于模数转换器的量化误差和保护算法误差的影响，区分不开距离Ⅰ段范围内的短路和线路末端的短路，造成距离Ⅰ段的非选择性动作。

（4）由于本线路阻抗较小，距离Ⅰ段的定值很小，所以保护过渡电阻的能力很小，因此区内经过渡电阻短路容易拒动。

18. 差动保护用电流互感器在最大穿越性电流时其误差超过10%，可以采取什么措施防止误动作？【难】

答：可以采用以下措施防止误动作：①适当增大电流互感器变比；②将两组同型号电力互感器二次串联使用；③减少电流互感器二次负载；④在满足灵敏度的前提下，适当提高动作电流；⑤对新型差动继电器可提高比率制动系数等；⑥可以增大容量，增大准确限值系数等方式。

19. 重合闸的后加速是什么？检同期重合闸时为何不用后加速？【难】

答：当线路发生故障后，保护有选择性地动作切除故障，重合闸进行一次重合以恢复供电，若重合于永久故障时，保护装置即不带时限无选择性地动作断开断路器，这种方式称为重合后加速。

检同期重合闸是线路一侧无压重合后，另一侧在两端的频率差不超过一定允许值的情况下才进行重合的。若线路属于永久性故障，无压侧重合后再次断

开，此时检定同期重合闸不重合，因此采用检定同期重合闸再装后加速也就没有意义。若属于瞬时性故障，无压重合后，即线路已重合成功，不存在故障，故采用检定同期重合闸时，不采用后加速，以免重合闸冲击电流引起误动。

20. 电网频率变化对距离保护有什么影响？【难】

答：电网频率变化对距离保护的影响，主要表现在以下两方面：

（1）电网频率变化时，作为保护或振荡闭锁起动元件的对称分量滤过器，因不平衡输出电压增大，有可能动作，从而使距离保护工作不正常。如果采用增量元件，则可认为不受电网频率变化的影响。

（2）对方向阻抗继电器产生影响。因方向阻抗继电器中的电阻元件、电感元件、电容元件记忆回路对频率很敏感，所以频率变化对方向阻抗继电器动作特性有较大的影响，可能导致保护区的变化以及在某些情况下正、反向出。短路故障时失去方向性。

21. 对于 220kV 线路保护，加强主保护、简化后备保护的含义如何？【中】

答：（1）加强主保护的含义。加强主保护是指全线速动保护的双重化配置，同时，要求每一套全线速动保护的功能完整，对全线路内发生的各种类型故障，均能快速动作切除故障。对于要求实现单相重合闸的线路，每套全线速动保护应具有选相功能。当线路在正常运行中发生不大于 100Ω 电阻的单相接地故障时，全线速动保护应尽可能强的选相能力，并能正确动作跳闸。

（2）简化后备保护的含义。简化后备保护是指主保护双重化配置，同时，在每一套全线速动保护的功能完整的条件下，带延时的相间和接地Ⅱ、Ⅲ段保护（包括相间和接地距离保护、零序电流保护），允许与相邻线路和变压器的主保护配合，从而简化动作时间的配合整定。如双重化配置的主保护均有完善的距离后备保护，则可以不使用零序电流Ⅰ、Ⅱ段保护，仅保留用于切除经不大于 100Ω 电阻接地故障的一段定时限和/或反时限零序电流保护。

22. 为什么电力系统振荡会使距离保护误动作？【难】

答：电力系统振荡时，各点的电流、电压都发生大幅度摆动，因而距离保护的测量阻抗也在摆动，随着振荡电流增大，母线电压降低，测量阻抗在减小，当测量阻抗落入继电器动作特性以内时，距离保护将发生误动作。

23. 简述合闸于故障时线路保护动作逻辑。【难】

答：单相重合闸时，零序过流加速经 60ms 跳闸，距离 II 段受振荡闭锁控制经 25ms 延时三相跳闸。

三相重合闸或手合时，零序电流大于加速定值时经 100ms 延时三相跳闸。

三相重合闸时，经整定控制字选择加速不经振荡闭锁的距离 II、III 段，否则总是加速经振荡闭锁的距离 II 段。

手合时总是加速距离 III 段。

第三节 工 程 实 践

1. 如图所示，220kV 线路 B 相发生单相永久性故障，此时，由于 211 开关 A 相机构故障，不能正常分闸，保护如何动作？失灵保护是否会动作？为什么？（220kV 线路重合闸方式为单重，211 开关失灵保护投入）【难】

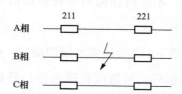

答：(1) 当 220kV 线路 B 相发生区内单相永久性故障时，两侧线路（211、221）保护动作，B 相跳闸，随后 211、221 开关启动 B 相重合闸，重合不成功跳开两侧三相开关。此时 211 开关 A 相机构故障，不能跳闸。

(2) 失灵保护不会动作。因为虽然 A 相开关拒分，但当 211 开关的 B、C 相和 221 开关的 A、B、C 相跳开后，两侧不存在故障电流，所以两侧保护返回，不启动失灵保护。

2. 某 220kV 线路，采用单相重合闸方式，在线路单相瞬时故障时，一侧单跳单重，另一侧直接三相跳闸。若排除断路器本身的问题，试分析可能造成直接三跳的原因。【难】

答：可能造成直接三跳的原因为：①保护感知沟通三跳开入；②重合闸充电未满或重合闸停用，单相故障发三跳令；③保护选相失败；④保护装置本身问题造成误动跳三相；⑤电流互感器或电压互感器二次回路存在两个以上的接地点，造成保护误跳三相；⑥定值中跳闸方式整定为三相跳闸；⑦分相跳闸保护未投入，由后备保护三相跳闸；⑧故障发生在电流互感器与断路器之间，母差保护动作并停信。

3. 在 220kV 纵联电流差动保护中有远传和远跳 2 个功能，简述两者的异同，并分析保护系统中的用途。【难】

答：相同之处是：本侧某些保护动作后，经过纵联电流差动保护通道向对侧发信。

不同之处是：保护收到远跳信号后，可经差动保护中起动量的判别出口三相跳闸且闭锁重合闸。

保护远跳是防止在电流互感器与开关之间发生故障，对于纵联保护为区外故障，母差保护判为区内故障起动 TJR 跳开关，TJR 起动纵联保护的远跳功能，向对侧保护发远跳命令，可经过对侧保护起动，快速跳开对侧开关。

保护收到远传信号后，不经过任何判断将远传信号输出，可用于跳闸、发信号、切机等。

远传一般用于远方切机、3/2 接线失灵保护动作、过电压保护动作等通过纵联保护通道向对侧发远传信号，对侧接收到远传信号后，一般要经过就地判别装置进行跳闸。

4. 在线路由负荷状态变为短路状态和系统发生振荡的情况下，测量阻抗的变化规律是什么？【中】

答：线路由负荷状态变为短路状态时，测量阻抗瞬间减小为短路阻抗；系统发生振荡时，测量阻抗伴随振荡呈周期性而变化。

5. 在 RCS-900 型微机保护的距离保护中都有一套完整的振荡闭锁。在正常运行下发生故障时短时开放保护 160ms。请解释不能长期开放的原因。振荡闭锁只闭锁距离保护Ⅰ、Ⅱ段，那么第Ⅲ段如何躲过振荡的影响？【难】

答：短时开放的原因是防止由于区外故障而导致系统发生振荡时保护的误动。

例如正常运行下发生区外故障，如果振荡闭锁长期开放保护，那么如果区外故障导致系统发生振荡时，只要阻抗继电器动作就将导致距离保护误动。现在用短时开放保护的方法，在由于区外故障导致系统振荡时，在两侧电势角度摆开到足以使阻抗继电器误动之前，振荡闭锁就已重新将保护闭锁了，防止了此时的误动。

第三段不经振荡闭锁控制，而靠延时来躲振荡的影响。第Ⅲ段距离保护只要其延时大于等于1.5s，在振荡时就不会误动。

6. 在对220kV线路间隔第一套保护的定值进行修改时，需采取哪些安全措施？【中】

答：考虑一次设备不停运，仅220kV线路第一套保护功能退出：

（1）投入该间隔第一套保护装置检修压板。

（2）退出该间隔第一套保护装置GOOSE发送软压板、GOOSE跳闸出口软压板、GOOSE启动失灵压板、GOOSE重合闸出口压板。

（3）投入测保装置硬压板：装置检修。

（4）退出该线路间隔第一套智能终端保护出口硬压板：A相跳闸压板、B相跳闸压板、C相跳闸压板、A相合闸压板、B相合闸压板、C相合闸压板（但第一套母差无法跳该线路间隔智能终端，仅依靠第二套母差保证安全性）。

7. 某220kV线路，其中一套保护配置为PCS-931-G型光纤差动保护，其采用的是双通道，当任意一通道中断，是否应点亮通道总告警光字？【易】

答：不应点亮通道总告警光字，在"纵联差动保护"和"双通道方式"控制字均投入的情况下，只有通道一和通道二同时异常时，节点才接通。

8. 如何判定和检测复用光纤纵差保护通道故障？【中】

答：当保护装置通道出现故障时候，可以采用以下步骤检查并确定故障的部件。

（1）保护装置电自环：指保护装置内部通信板的自环，可用于检测保护装置通信板的好坏。

（2）光端机光自环：指本侧保护装置上的光端机的自环，可用于检测保护装置光端机的好坏。

（3）复用接口盒自环：指在复用接口盒出口处自环，可用于检测复用接口

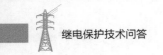

盒的好坏。

（4）复用通道自环：可用于检测光纤复用通道的好坏。

（5）对端自环检测：用于检测对端整个光纤通道各个部分的好坏。

9. 某 220kV 线路配置为 PCS-931-G 型光纤差动保护，在运行过程中报出 "跳闸位置开入异常" 报文，请说明可能原因及处理方案。【难】

答：跳闸位置开入异常的判据为：线路有电流但 TWJ 动作，或三相不一致，10s 延时报警，此时保护面板报警灯亮，但不影响保护功能，应通知检修人员检查 TWJ 回路。

10. 简述智能化站双重化配置的线路间隔两套智能终端之间的联系。【易】

答：线路间隔智能终端双重化配置，一次设备的开入信号分别接入两套智能终端，智能终端的开出命令则是并联接入一次设备的电气操作回路，两套智能终端相互独立运行，取或关系，一套智能终端检修或故障，不影响另一套智能终端正常运行。

11. 如下图所示，220kV 系统中，两侧所装设的线路纵联保护（非光纤差动）N 侧的母差保护和线路保护分别使用 TA2 和 TA3。M 侧的线路保护使用 TA1。系统发生故障时，N 侧的母差保护相隔 1s 左右，先后发了两次跳闸命令，请问故障点在哪里？请说明两侧保护装置的动作过程。【难】

答：故障点在 TA2 与 GIS 之间，第一次母差保护正常动作，第二次 M 侧线路重合闸重合于永久性故障后 N 侧母差第二次次动作，由于重合闸整定时间在 1s 左右，所以造成 N 侧母差相隔 1s 左右，先后发了两次跳闸命令。

12. 在 220kV 及以上线路保护中端子上设有 TWJ 的开入量触点输入。当 TWJ 动作后，闭锁式的纵联保护在启动元件未启动情况下，要将远方启信推迟 100～160ms，请说明此功能的作用。【难】

答：如果不设上述功能，则在一侧断路器三相断开的情况下发生本线路的故障（如图中 N 侧断路器三相断开，线路发生内部故障）时，只有线路断路器合上的一侧（图中的 M 侧）能够感受到故障，M 侧启动元件动作后立即发信，但 N 侧由于断路器三相断开而不能感受到故障，启动元件不启动，经远方启信后连续发信 10s，M 侧收到 N 侧的信号将闭锁纵联保护，造成纵联保护拒动。为此，加入上述功能，N 侧纵联保护在 TWJ 动作的情况下收到对端信号，如果启动元件未动作，则将远方启信功能推迟 100～160ms，在此时间内 M 侧纵联保护可以跳闸。

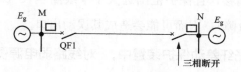

13. 正常情况下发生的第一次短路故障振荡闭锁都采用短时开放距离Ⅰ、Ⅱ段的方法。 请说明不采取长期开放保护的原因。 【难】

答：如果采用长期开放保护，则有可能在区外故障并引起振荡时距离保护误动作。线路的距离保护在发生区外短路故障并导致两侧电源间的振荡，如果振荡闭锁长期开放保护，则阻抗继电器只要在振荡中误动就会导致距离保护误动。现实行短时开放的方法，当区外故障导致系统振荡时，两侧的电势角摆开到足以使阻抗继电器误动的角度之前，振荡闭锁开放已过，从而重新闭锁距离保护Ⅰ、Ⅱ段，避免误动。

14. 错误地将断路器动合触点引入保护装置作为位置触点信息， 可能会影响线路保护中的哪些功能？ 【难】

如果 220kV 线路保护为常规配置，线路保护要求引入断路器的位置触点，保护根据触点闭合判断线路处于分闸状态，但实际接线时却将要求引入的动断触点接成了动合触点（如为 3/2 断路器接线，两个断路器的位置触点也同时接错），调试时也没有及时得以纠正，而将该线路投入运行，保护装置也没有不正常指示。

请问：

（1）保护这样投入运行，可能会影响线路保护中的哪些保护功能（判别）（至少说出 4 种影响）？

（2）在区外故障（包括正方向区外故障与反方向故障），该线路保护可能会怎样反应？简述理由。

答：（1）会影响线路保护中的电流互感器断线检测、电压互感器断线检测、合于故障（或合闸加速）保护投入判别、非全相运行判别、弱馈回路判别（跳闸位置发信/停信）。

（2）在区外故障时，会使合于故障保护误动作，因为在保护启动时，保护会通过辅助触点输入判断出断路器刚被跳开，而开始投入合于故障保护，而合于故障保护一般带偏移，且保护范围远大于本线路全长（即能反映正方向的区外故障及反方向的故障），因而可能会造成其误动出口。

15. RCS-931 光纤差动保护装置中，对线路弱电源侧采取什么措施防止线路故障时主保护拒动？【中】

答：除两相电流差突变量启动元件、零序电流启动元件和不对应启动元件外，RCS-931 保护再增加一个低压差流启动元件：

（1）差流元件动作。

（2）差流元件的动作相或动作相间电压低于额定电压的 60%。

（3）收到对侧的允许信号。

这样弱电源侧保护启动，两侧保护都可以跳闸。

16. 一般情况下，对于 220～500kV 线路，试写出三种保护，其动作时应传输远方跳闸命令。【难】

答：（1）一个半断路器接线的断路器失灵保护动作。

（2）高压侧无断路器的线路并联电抗器保护动作。

（3）线路过电压保护动作。

（4）线变压器组的变压器保护动作。

（5）线路串补保护动作且电容器旁路断路器拒动或电容器平台故障。

17. 简述 PCS-931-G 系列超高压线路保护装置 "TV 断线" 异常信号的动作条件、对保护的影响，以及装置 "PT 断线" 告警时应采取的措施。【中】

答：三相电压相量和大于 8V，保护不启动，延时 1.25s 发 TV 断线异常信号；三相电压相量和小于 8V，但正序电压小于 33.3V 时，延时 1.25s 发 TV 断线异常信号。

TV 断线信号动作的同时，退出距离保护和工频变化量阻抗，将零序过流保护Ⅱ段退出，Ⅲ段不经方向元件控制。

如果是操作引起的，不必处理。如果正常运行过程中报警，检查保护的 TV 二次回路。

18. 简述 PCS-931-G 系列超高压线路保护装置 "TA 断线" 异常信号的动作条件、对保护的影响，以及装置 "TA 断线" 告警时应采取的措施。【中】

答：自产零序电流小于 0.75 倍的外接零序电流或外接零序电流小于 0.75 倍的自产零序电流，延时 200ms 发 TA 断线异常信号；有自产零序电流而无零序电压，且至少有一相无流，则延时 10s 发 TA 断线异常信号。

在装置总启动元件中不进行零序过流元件启动判别，零序过流保护Ⅱ段不经方向元件控制，退出零序过流Ⅲ段。差动保护由 "TA 断线闭锁差动" 控制字来决定是否闭锁断线相。

检查 TA 外回路无异常，若不恢复通知检修处理。

19. 光纤通道发生故障时，应采取什么措施？【易】

答：光纤通道发生故障时，应采取的措施有：

（1）检查定值、通信速率、通信时钟是否设置正确。

（2）检查光纤接口是否连接牢固，光功率是否正常。

（3）检查通信通道。

20. 简述 CSC-103A 型线路保护装置的跳闸后逻辑。【难】

答：在保护发出跳闸命令后，保护装置不断监视跳闸相电流，当跳闸相无电流后，保护装置则判断开关跳开。如果跳闸相一直有电流，经 160ms 延时后，保护补发跳令：即如果保护发单跳令后，故障相持续 160ms 仍有电流，则表明开关未断开，于是，保护发三跳令；若保护发三跳命令后，任一相持续 160ms 仍有电流，保护再发永跳（闭锁重合闸）命令；若开关仍未断开，则 5s 后发 "永跳失败" 告警，并整组复归。

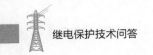

驱动跳闸令应在故障切除后收回，本装置在发出跳闸命令后的 40ms 内不考虑撤销命令，以保证可靠跳闸。

21. 简述 CSC-103A 型线路保护装置的远方操作、远方投退压板、远方切换定值区、远方修改定值的逻辑关系。【中】

答：从逻辑关系图中可看出其逻辑关系："远方操作"只设硬压板。"远方投退压板""远方切换定值区"和"远方修改定值"只设软压板，三者功能相互独立，分别与"远方操作"硬压板采用"与门"逻辑。

"远方投退压板""远方切换定值区""远方修改定值"三个软压板只能在就地更改。投入压板后，装置面板即能够循环显示相应压板。

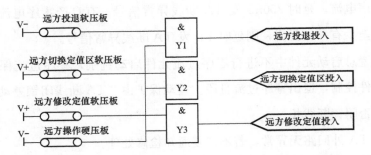

22. 以 CSC-103A 型线路保护装置为例，简述装置的振荡闭锁逻辑。【难】

答：突变量启动元件动作后，转入故障处理程序，测量元件短时开放 150ms。电流突变量启动 150ms 内装置固定投入快速距离保护、距离 I、II 段元件，电流突变量启动 150ms 后或经静稳失稳启动、零序辅助启动时，如果控制字投入"振荡闭锁元件"方式，则进入须经振荡闭锁模式，即距离 I 段和 II 段须经振荡闭锁开放元件开放。如果控制字退出"振荡闭锁元件"方式，则保护启动后，距离 I（II）段固定投入。

距离 III 段固定投入（靠长延时躲振荡），不经振荡闭锁，动作后永跳（闭锁重合闸）。

在振荡闭锁期间有判断振荡停息的程序模块，即在持续 5s 后，零序辅助启动元件、静稳破坏检测元件和距离 III 段的六种阻抗都不动作时整组复归。

23. 高频闭锁式和允许式保护在发信控制方面有哪些区别（以正、反向故障情况为例说明）？【中】

答：高频闭锁式和允许式保护在发信控制方面的主要区别有：

（1）发生正向故障时，闭锁式保护发信后，由于正方向元件动作而立即停发闭锁信号。

（2）发生正向故障时，允许式保护由正方向元件动作而向对侧发出允许跳闸信号。

（3）发生反方向故障时，闭锁式保护长发信闭锁对侧高频保护。

（4）发生反方向故障时，允许式保护不发允许跳闸信号。

24. 线路保护装置的 SV 接收软压板在哪些情况下需要退出？【易】

答：线路保护装置的 SV 接收软压板在以下情况需要退出：

（1）线路保护检修或退出运行时。

（2）合并单元检修时。

（3）线路一次检修时来自电压互感器二次的四根开关场引入线和互感器三次的两（三）根开关场引入线必须分开，不得公用。

25. 在对 220kV 线路间隔第一套保护的定值进行修改时，需采取哪些安全措施？【中】

答：考虑一次设备不停运，仅 220kV 线路第一套保护功能退出，需采取的安全措施有：

（1）投入该间隔第一套保护装置检修压板。

（2）退出该间隔第一套保护装置 GOOSE 发送软压板、GOOSE 跳闸出口软压板、GOOSE 启动失灵压板、GOOSE 重合闸出口压板。

（3）投入测保装置硬压板：装置检修。

（4）退出该线路间隔第一套智能终端保护出口硬压板：A 相跳闸压板、B 相跳闸压板、C 相跳闸压板、A 相合闸压板、B 相合闸压板、C 相合闸压板（但第一套母差无法跳该线路间隔智能终端，仅依靠第二套母差保证安全性）。

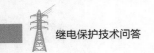

26. 请看图说明 PCS-931-G 系列超高压线路中交流采样插件中电流线圈的作用，如果交流采样插件中零序线圈未接入，对保护有无影响？【中】

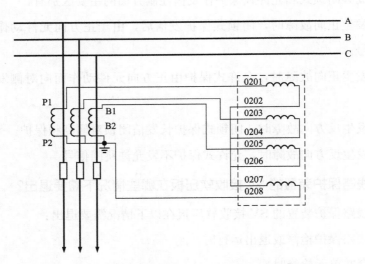

答：I_a、I_b、I_c 和 I_0 分别为三相电流和零序电流输入，01、03、05 和 07 为极性端。虽然保护中零序方向、零序过流元件均采用自产的零序电流计算，但是零序电流启动元件仍由外部的输入零序电流计算，因此如果零序电流未接线，则所有与零序电流相关的保护均不能动作，如零序过流等。

27. 请以 PCS-931-G 线路保护为例画出专用光纤通道的连接方式。【中】

答：专用光纤通道如图所示。

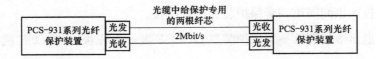

28. 请以 PCS-931-G 线路保护为例画出 2048kbit/s 复用的连接方式。【中】

答：复用 2M 光纤通道如图所示。

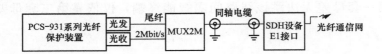

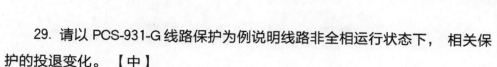

29. 请以 PCS-931-G 线路保护为例说明线路非全相运行状态下, 相关保护的投退变化。【中】

答: 非全相运行状态下, 退出与断开相相关的相、相间变化量距离继电器, 将零序过流保护Ⅱ段退出, 零序过流保护Ⅲ段和零序反时限过流不经方向元件控制。

30. 检修人员在 PCS-931-G 线路保护输入定值工作时, 不慎将单相重合闸、 三相重合闸两项控制字均设置为 1, 请分析产生的后果。【易】

答: 单相重合闸、三相重合闸、禁止重合闸和停用重合闸有且只能有一项置"1", 如不满足此要求, 保护装置报警 (报"重合方式整定错")并按停用重合闸处理。

31. PCS-931-G 线路保护中 "TA 断线闭锁差动" 控制字置 "1", 当检测出 "A 相 TA 断线" 后, B 相发生瞬时性故障, 请描述保护动作行为。【中】

答: 差动保护由"TA 断线闭锁差动"控制字来决定是否闭锁断线相。当"TA 断线闭锁差动"整定为"1", 闭锁断线相的电流差动保护, 非断线相电流差动保护不受影响。因此 B 相发生瞬时性故障, 差动保护动作, 跳开 B 相断路器, 后经延时后重合断路器。

第五章　断路器保护

第一节　理　论　基　础

1. 对3/2断路器接线方式或多角形接线方式的断路器失灵保护有哪些要求？【中】

答：3/2断路器接线方式或多角形接线方式的断路器失灵保护的要求有：

（1）鉴别元件采用反应断路器位置状态的相电流元件，应分别检查每台断路器的电流，以判别哪台断路器拒动。

（2）当3/2断路器接线方式的一串中的中间断路器拒动，或多角形接线方式相邻两台断路器中的一台断路器拒动时，应采用远方跳闸装置，使线路对端断路器跳闸并闭锁其重合闸的措施。

（3）断路器失灵保护按断路器设置。

2. 什么是失灵保护的三级跳闸逻辑？【易】

答：失灵保护的三级跳闸逻辑是：

（1）瞬时重跳本断路器。

（2）线路保护单跳失败延时三跳。

（3）开关失灵延时跳相关断路器。

3. 简述母联（分段）充电保护的作用。【易】

答：分段母线其中一段母线停电检修后，可以通过母联（分段）断路器对检修母线充电以恢复双母运行。此时投入，母联（分段）充电保护，当检修母线有故障时，跳开母联（分段）断路器，切除故障。

4. 断路器失灵保护中，电流控制元件怎样整定？【中】

答：电流控制元件按最小运行方式下，本端母线故障，对端故障电流最小时应有足够的灵敏度来整定，并保证在母联断路器断开后，电流控制元件应能可靠动作。电流控制元件的整定值一般应大于负荷电流，如果按灵敏度的要求整定后，不能躲过负荷电流，则应满足灵敏度的要求。

5. 3/2 接线方式下， 为什么重合闸及断路器失灵保护须单独设置？ 【易】

答：在重合线路时，由于两个断路器都要进行重合，且两个断路器的重合还有一个顺序问题，因此重合闸不应设置在线路保护装置内，而应按断路器单独设置。此外每个断路器的失灵保护跳闸对象也不一样，所以失灵保护也应按断路器单独设置。因此一般在 3/2 接线方式中，将重合闸和断路器失灵保护功能集成在一个单独的装置内，每一个断路器配置一套该装置。

6. 失灵保护可采用哪些不同的启动方式？ 【难】

答：由于失灵保护误动作后果比较严重，且 3/2 断路器接线的失灵保护无电压闭锁，根据具体情况，对于线路保护分相跳闸开入和变压器、发变组、线路高抗三相跳闸开入，应采取措施，防止由于开关量输入异常导致失灵保护误启动，失灵保护应采用不同的启动方式：

（1）任一分相跳闸触点开入后，经电流突变量或零序电流启动并展宽后启动失灵。

（2）三相跳闸触点开入后，不经电流突变量或零序电流启动失灵。

（3）失灵保护动作经母线保护出口时，应在母线保护装置中设置灵敏的、不需整定的电流元件并带 50ms 的固定延时。

7. 断路器失灵保护动作时间应按什么原则进行整定？ 【中】

答：失灵保护动作时间应按下述原则进行整定：

（1）一个半断路器接线的失灵保护应瞬时再次动作于本断路器的两组跳闸线圈跳闸，在经一时限动作于断开其他相邻断路器。

（2）单、双母线的失灵保护，视系统保护配置的具体情况，可以较短时限动作于断开与拒动相关的母联及分段断路器，再经一时限动作于断开与拒动断路器连接在同一母线上的所有有源支路的断路器。也可仅经一时限动作于断开与拒动断路器连接在同一母线上的所有有源支路的断路器，变压器断路器的失灵保护还应动作于断开变压器接有电源一侧的断路器。

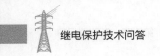

8. 使用单相重合闸时应考虑哪些问题？ 【中】

答：使用单相重合闸时应考虑：

（1）重合闸过程中出现的非全相运行状态，如有可能引起本线路或其他相邻线路的保护误动作时，应采取措施予以防止。例如，退出纵联零序方向保护以及定值躲过非全相运行的零序电流保护、整定三相不一致保护的动作时间应大于重合闸时间；

（2）如电力系统不允许长期非全相运行，为防止断路器一相断开后，由于单相重合闸装置拒绝合闸而造成非全相运行，应采取措施断开三相，并应保证选择性。

9. 220kV 及以上短路器三相不一致保护是否需要启动失灵保护？ 为什么？ 【中】

答：线路断路器三相不一致时虽然会出现零序电流，但是健全相仍然可以输送功率，线路输送功率下降并不多，对系统稳定影响不太大，允许短时出现。线路断路器三相不一致的主要危害在于可能引起相邻线路的零序保护误动，与失灵保护动作切除整条母线相比，这一危害要轻得多。因此，线路断路器三相不一致保护不启动失灵保护。

10. 什么叫断路器失灵保护？ 【易】

答：断路器失灵保护，在故障元件的继电保护装置动作而其断路器拒绝动作时，它能以较短的时限切除与失灵断路器相邻的其他断路器，以便尽快地将停电范围限制到最小。

11. 失灵保护的线路断路器启动回路由什么组成？ 【易】

答：失灵保护的启动回路由保护动作出口接点和断路器失灵判别元件（电流元件）构成"与"回路所组成。

12. 失灵保护的母联断路器启动回路由什么组成？ 【易】

答：母线差动保护（Ⅰ母或Ⅱ母）出口继电器动作接点和母联断路器失灵判别元件（电流元件）构成"与"回路。

第二节 工 程 理 论

1. 220kV 及以上电压等级变压器、发变组的断路器失灵时应启动断路器失灵保护，并应满足哪些要求？【难】

答：220kV 及以上电压等级变压器、发变组的断路器失灵时，应满足以下要求：

（1）双母线接线变电站的断路器失灵保护的电流判别元件应采用相电流、零序电流和负序电流按"或逻辑"构成，在保护跳闸接点和电流判别元件同时动作时去解除复合电压闭锁，故障电流切断、保护收回跳闸命令后应重新闭锁断路器失灵保护。

（2）线路—变压器、线路—发变组的线路和主设备电气量保护均应启动断路器失灵保护。当本侧断路器无法切除故障时，应采取启动远方跳闸等后备措施加以解决。

（3）变压器的断路器失灵时，除应跳开失灵断路器相邻的全部断路器外，还应跳开本变压器连接其他电源侧的断路器。

2. 简述双母线接线变电站的断路器失灵保护线路支路采用相电流、零序电流（或负序电流）"与门"逻辑；变压器支路采用相电流、零序电流、负序电流"或门"逻辑的原因。【中】

答：GB/T 14285《继电保护和安全自动装置技术规程》对断路器失灵保护的要求：220～500kV 分相操作的断路器，可仅考虑断路器单相拒动的情况。

220kV 及以上电压等级线路一般采用单相重合闸方式，而失灵保护采用按相启动方式，单相重合闸的非全相过程中，不论断路器是否失灵，失灵保护的零序和负序电流均满足条件，所以，必须加上跳开相有流条件，才能确定故障相开关失灵，即采用相电流、零序电流或负序电流的"与门"关系；变压器保护为三相跳闸方式，三相跳开后既无相电流，也无零序电流和负序电流，只要存在任一相电流、零序电流或负序电流即表示断路器失灵，即采用相电流、零

序电流、负序电流的"或门"关系。

3. 常规站和智能站解决断路器失灵保护电压闭锁元件灵敏度不足的问题有什么区别？【中】

答：对于常规站，变压器支路应具备独立于失灵启动的解除电压闭锁的开入回路，"解除电压闭锁"开入长期存在时应告警，宜采用变压器保护"跳闸触点"解除失灵保护的电压闭锁，不采用变压器保护"各侧复合电压动作"触点解除失灵保护电压闭锁，启动失灵和解除失灵电压闭锁应采用变压器保护不同继电器的跳闸触点；对于智能站，母线保护收到变压器支路变压器保护"启动失灵"的 GOOSE 命令同时启动失灵和解除电压闭锁。

4. 说明主变压器断路器失灵保护的启动条件。【中】

答：主变压器断路器失灵保护的启动条件为：①主变压器电气量保护动作；②电流判别元件动作（相电流或负序电流或零序电流）；③开关位置不对应（分相操作的断路器有此条件，三相操作断路器无此条件）。

主变压器断路器失灵保护动作逻辑框图如下所示。

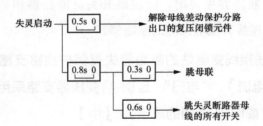

5. 智能站内，断路器保护的就地化配置有何优劣？【易】

答：优点：节省二次电缆，保护装置到一次设备采用短电缆联系，从根本上解决了长电缆对地电容以及电磁干扰影响，提高保护的可靠性。

缺点：现场环境恶劣，对保护装置元件正常运行不利。对二次人员检修带来不方便。

6. 试分析智能站断路器保护双重化配置的原因及优劣。【中】

答：由于智能变电站 GOOSE 的 A/B 双网不能共网，双重化配置的两个过程层网络应遵循完全独立的原则，因此断路器保护随着 GOOSE 双网而双重化。断路器保护双重化后能提高保护 $N+1$ 的可靠性，从而使断路器保护可以满足不停电检修。缺点是增加一套保护，使变电站建造费用提高，经济性下降。

7. 为提高动作可靠性，必须同时具备哪些条件，断路器失灵保护方可启动？【中】

答：断路器失灵保护的启动条件为：

（1）故障线路或电力设备能瞬时复归的出口继电器动作后不返回（故障切除后，启动失灵的保护出口返回时间应不大于 30ms）。

（2）断路器未断开的判别元件动作后不返回。若主设备保护出口继电器返回时间不符合要求时，判别元件应双重化。

8. 为什么不考虑相间距离保护与对侧断路器失灵保护在时间上进行配合？【难】

答：相间距离保护与对侧断路器失灵保护不在时间上进行配合的原因为：

（1）在 220kV 电网中，用的是分相操作的断路器，只考虑断路器一相拒动。这样在 220kV 电网中，任何相间故障在断路器一相拒动时都转化为保留的单相故障。此时，需依靠零序电流保护启动断路器失灵保护，而用相间距离保护与对侧失灵保护配合并无实际意义。

（2）在 110kV 电网中，线路都采用三相操动机构，但 110kV 电网继电保护的配置原则是"远后备"，即依靠上一级保护装置的动作来断开下一级未能断开的故障，因而没有设置断路器失灵保护的必要。

9. 请简述 RCS-921A 断路器失灵保护及自动重合闸保护中沟三触点闭合的条件。【难】

答：沟三接点闭合的条件为（或门条件）：①当重合闸在未充好电状态且未充电沟通三跳控制字投入，将沟三触点（GST）闭合；②重合闸为三重方式时，将沟三触点（GST）闭合；③重合闸装置故障或直流电源消失，将沟三触点（GST）闭合。

沟三接点是为了使断路器具备三跳的条件。

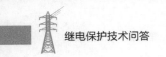

10. 220kV 及以上电压等级变压器、 发变组的断路器失灵保护应满足哪些要求? 【中】

答: 220kV 及以上电压等级变压器、发变组的断路器失灵保护应满足的要求为: 变压器的电气量保护应启动断路器失灵保护, 断路器失灵保护动作除应跳开失灵断路器相邻的全部断路器外, 还应跳开本变压器连接其他电源侧的断路器。

11. 3/2 接线的智能站断路器保护与传统站断路器保护的配置有何区别? 【中】

答: 智能站断路器保护与传统站断路器保护的配置上最大不同是智能站开关保护为双重化配置。在保护功能上同传统的保护功能配置上相同, 装置功能包括断路器失灵保护、三相不一致保护、死区保护、充电保护和自动重合闸。

12. 断路器防跳继电器的作用是什么? 在动作时间上应满足哪些要求? 【中】

答: 断路器防跳继电器的作用是在断路器同时接收到跳闸和合闸命令时, 有效防止断路器反复 "合" "跳", 断开合闸回路, 将断路器可靠地置于跳闸位置, 防跳继电器的触点一般都串接在断路器的控制回路中, 若防跳继电器的动作时间与断路器的动作时间不配合, 轻则影响断路器的动作时间, 重则将会导致断路器拒合或拒分。防跳继电器动作时间应与断路器动作时间配合, 断路器三相位置不一致保护的动作时间应与相关保护、重合闸时间相配合。

第三节 工 程 实 践

1. 某变电站为 3/2 接线方式, 当线路发生单相故障时, 先重合的断路器重合不成功, 另一断路器是否还重合? 为什么? 【易】

答: 不再重合, 后合断路器有先重闭锁, 同时保护也可发永跳令闭锁重合。

2. 如下图所示, 在 3/2 接线方式下, DL1 的失灵保护应由哪些保护启动? DL2 失灵保护动作后应跳开哪些断路器? 并说明理由。 【中】

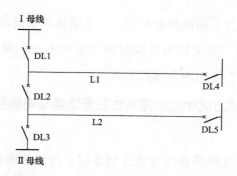

　　答：DL1 的失灵保护由母线保护、线路 L1 保护启动。DL2 失灵保护动作后应跳开 DL1、DL3、DL5、DL4，才能隔离故障。

　　3. 某 500kV 变电站配置 RCS-921A 断路器失灵保护及自动重合闸保护，请说明先合投入压板的作用。【中】

　　答：当本重合闸用于 3/2 断路器，所以对应每条线路有两个断路器。

　　当"先合投入"压板投入时，设定该断路器先合闸。先合重合闸经较短延时（重合闸整定时间），发出一次合闸脉冲时间 120ms；当先合重合闸启动时发出"闭锁先合"信号；如果先合重合闸起动返回，并且未发出重合脉冲，则"闭锁先合"触点瞬时返回；如果先合重合闸已发出重合脉冲，则装置启动返回后该触点才返回。先合重合闸与后合重合闸配合使用时，先合重合闸的"闭锁先合"输出触点接至后合重合闸的"闭锁先合"输入触点。

　　4. 简述 3/2 接线断路器失灵保护需考虑的情况，其判据分别是什么？【难】

　　答：断路器失灵保护按照如下几种情况来考虑，即故障相失灵、非故障相失灵和发变三跳启动失灵，另外，充电保护动作时也启动失灵保护。

　　（1）故障相失灵按相对应的线路保护跳闸接点和失灵过流高定值都动作后，先经"失灵跳本开关时间"延时发三相跳闸命令跳本断路器，再经"失灵动作时间"延时跳开相邻断路器。

　　（2）非故障相失灵由三相跳闸输入接点保持失灵过流高定值动作元件，并且失灵过流低定值动作元件连续动作，此时输出的动作逻辑先经"失灵跳本开关时间"延时发三相跳闸命令跳本断路器，再经"失灵动作时间"延时跳开相邻断路器。

　　（3）发变三跳启动失灵由发变三跳起动的失灵保护可分别经低功率因数、

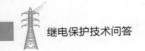

负序过流和零序过流三个辅助判据开放。三个辅助判据均可由整定控制字投退。输出的动作逻辑先经"失灵跳本开关时间"延时发三相跳闸命令跳本断路器，再经"失灵动作时间"延时跳开相邻断路器。

5. 简述 3/2 接线方式中当故障发生在断路器与电流互感器之间时保护的动作行为。【难】

答：在故障发生在断路器与电流互感器时，虽然故障线路（母线）保护能快速动作，但在本断路器跳开后，故障并不能切除。此时需要断路器死区保护切除故障。

死区保护的动作逻辑为：当装置收到三跳信号如线路三跳、发变三跳，或 A、B、C 三相跳闸同时动作，且死区过流元件动作时，对应断路器跳开，装置收到三相 TWJ，受死区保护投入控制经整定的时间延时起动死区保护。出口回路与失灵保护一致，动作后跳相邻断路器。

其动作逻辑图如下：

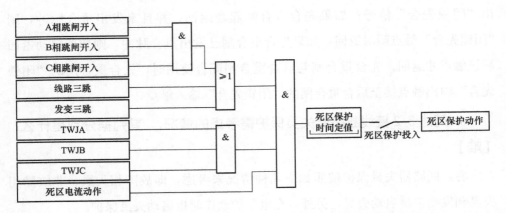

6. 断路器在非全相运行过程中，要考虑对哪些保护装置的影响？【中】

答：断路器处于非全相状态时，系统会出现零序和负序分量，并根据系统的结构分配至运行中的相关设备，如果断路器三相不一致保护动作时间过长，零序、负序分量数值及持续时间超过零序保护的定值，零序或负序保护将会动作；配置单相重合闸的线路，在保护动作跳闸至重合闸发出命令合闸期间，故障线路的断路器处于非全相状态，如果断路器三相不一致保护动作时间过短，将可能导致无法完成重合闸功能，扩大事故影响。

第六章　变压器保护

第一节　理　论　基　础

1. 对新安装的变压器差动保护在投入运行前应做哪些试验？　【易】

答：必须进行带负荷测相位和差电压（或差电流），以检查电流回路接线的正确性。

（1）在变压器充电时，将差动保护投入。

（2）变压器充电合闸 5 次，以检查差动保护躲励磁涌流的性能。

（3）带负荷前将差动保护停用，测量各侧各相电流的有效值和相位，测各相差电压（或差电流）。

2. 大接地电流系统中对变压器接地后备保护的基本要求是什么？　【中】

答：较完善的变压器接地后备保护应符合以下基本要求：

（1）与线路保护配合在切除接地故障中做系统保护的可靠后备。

（2）保证任何一台变压器中性点不遭受过电压。

（3）尽可能有选择地切除故障，避免全站停电。

（4）尽可能采用独立保护方式，不要公用保护方式，以免因"三误"造成多台变压器同时跳闸。

3. 变压器为什么要设置过励磁保护？　通过什么量的变化可以反映变压器过励磁？　【易】

答：工作磁密增加，使变压器励磁电流增加，特别是铁芯饱和后，励磁电流要急剧增大，造成变压器过励磁，同时会使铁损增加，铁芯温度升高。另外漏磁场增强，使靠近铁芯的绕组导线、油箱壁和其他金属构件产生涡流损耗，发热、引起高温，严重时要造成局部变形和损伤周围的绝缘介质。通过 $B=U/4.44fSW$（B 为磁感应强度，U 为电源电压，f 为电源频率，W 为线圈匝数，S

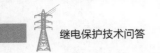

为提供磁通路铁芯的横截面面积），可以反映变压器过励磁。

4. 试述变压器零序纵联差动保护。【中】

答：变压器星形接线的一侧，如中性点直接接地，则可装设变压器零序纵联差动保护。零序差动回路由变压器中性点侧零序电流互感器和变压器星形侧电流互感器的零序回路组成。该保护对变压器绕组接地故障反应较灵敏。同样，对自耦变压器也可设置零序纵联差动保护，要求高压侧、中压侧和中性点侧的电流互感器采用同类型电流互感器，而且各侧的变比相等。由运行经验说明，零序纵联差动保护用工作电压和负荷电流检验零序纵联差动保护接线的正确性较困难。在外部接地故障，可能由于极性接错而造成的误动作，该保护的正确动作率较低。

5. 对 220～500kV 变压器纵差保护的技术要求是什么？【中】

答：对 220～500kV 变压器纵差保护的技术要求是：

（1）在变压器空载投入或外部短路切除后产生励磁涌流时，纵差保护不应误动作。

（2）在变压器过励磁时，纵差保护不应误动作。

（3）为提高保护的灵敏度，纵差保护应具有比率制动或标积制动特性。在短路电流小于起始制动电流时，保护装置处于无制动状态，其动作电流很小（小于额定电流），保护具有较高的灵敏度。当外部短路电流增大时，保护的动作电流又自动提高，使其可靠不动作。

（4）在最小运行方式下，纵差保护区内各侧引出线上两相金属性短路时，保护的灵敏系数不应小于 2。

（5）在纵差保护区内发生严重短路故障时，为防止因电流互感器饱和而使纵差保护延迟动作，纵差保护应设差电流速断辅助保护，以快速切除上述故障。

6. 三相变压器空载合闸时励磁涌流的大小及波形特征与哪些因素有关？【中】

答：三相变压器空载合闸的励磁涌流大小和波形与下列因素有关：①系统电压大小和合闸初相角；②系统等值电抗大小；③铁芯剩磁、铁芯结构；④铁芯材质（饱和特性、磁滞环）；⑤合闸在高压或低压侧。

7. 简述变压器过励磁保护的意义。【中】

答：变压器的过励磁就是当变压器在电压升高或频率下降时将造成工作磁通

密度增加，使变压器的铁芯饱和。其产生的原因主要有：当电网因故解列后造成部分电网刚甩负荷而过电压、铁磁谐振过电压、变压器分接头连接调整不当、长线路末端带空载变压器或其他误操作、发电机频率未到额定值即过早增加励磁电流、发电机自励磁等，这些情况下都可能产生较高的电压而引起变压器过励磁。

变压器过励磁的危害是：当变压器运行电压超过额定电压的 10% 时，就会使变压器铁芯饱和，而因饱和产生的漏磁将使箱壳等金属构件涡流损耗增加，铁损增大，造成铁芯温度升高，同时还会使漏磁通增强，使靠近铁芯的绕组导线、油箱壁和其他金属构件产生涡流损耗，使变压器过热，绝缘老化，影响变压器寿命，严重时造成局部变形和损伤周围的绝缘介质，有时甚至烧毁变压器。

8. 变压器的接地方式如何安排？【易】

答：变压器的接地方式有以下几种：

（1）变电站只有一台变压器，则中性点应直接接地，计算正常保护定值时，可只考虑变压器中性点接地的正常运行方式。当变压器检修时，可做特殊运行方式处理，例如改定值或按规定停用、起用有关保护段。

（2）变电站有两台及以上变压器时，应只将一台变压器中性点直接接地运行，当该变压器停运时，将另一台中性点不接地变压器改为直接接地。如果由于某些原因，变电站正常必须有两台变压器中性点直接接地运行，当其中一台中性点直接接地的变压器停运时，若有第三台变压器则将第三台变压器改为中性点直接接地运行。否则，按特殊运行方式处理。

（3）双母线运行的变电站有三台及以上变压器时，应按两台变压器中性点直接接地方式运行，并把它们分别接于不同的母线上，当其中一台中性点直接接地变压器停运时，将另一台中性点不接地变压器直接接地。若不能保持不同母线上各有一个接地点时，作为特殊运行方式处理。

（4）为了改善保护配合关系，当某一短线路检修停运时，可以用增加中性点接地变压器台数的办法来抵消线路停运对零序电流分配关系产生的影响。

（5）自耦变压器和绝缘有要求的变压器中性点必须直接接地运行。

9. 简述自耦变压器过负荷保护的特点。【中】

答：由于三绕组自耦变压器各侧的容量不一样，可能出现一侧不过负荷，

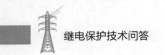

另一侧过负荷的情况。因此，不能以一侧不过负荷决定其他侧也不过负荷，一般各侧均应装设过负荷保护，至少在送电侧和低压侧各装设过负荷保护。

10. 高压并联电抗器一般都装设哪些保护？【易】

答：高压并联电抗器一般都装下列保护：

（1）高阻抗差动保护：保护电抗器绕组和套管的相间和接地故障。

（2）匝间保护：保护电抗器的匝间短路故障。

（3）瓦斯保护和温度保护：保护电抗器内部各种故障、油面降低和温度升高。

（4）过流保护：电抗器和引线的相间或接地故障引起的过电流。

（5）过负荷保护：保护电抗器绕组过负荷。

（6）中性点过流保护：保护电抗器外部接地故障引起中性点小电抗过电流。

11. 简述智能变电站主变压器非电量保护的跳闸模式。【中】

答：220kV 变电站主变压器非电量保护一般在现场配置主变压器非电量智能终端和非电量保护装置。就地实现非电量保护，有效地减少了由于电缆的损坏或电磁干扰导致保护拒动或误动的可能性。非电量保护在就地直接采集主变压器的非电气量信号，当主变压器故障时，非电量保护通过电缆接线直接作用于主变压器各侧智能终端的"其他保护动作三相跳闸"输入端口（强电口，直接启动出口中间继电器），非电量保护装置通过光缆将非电量保护动作信号"发布"到 GOOSE 网，用于测控信号监视及录波等。

12. 简述变压器和应涌流产生的条件及其主要特点。【中】

答：变压器和应涌流产生的条件：当电网中空投一台变压器时，在相邻的并联或级联的运行变压器中产生的涌流。

和应涌流的主要特点：①和应涌流的出现滞后于空投变压器的励磁涌流，且与其方向相反；②和应涌流的幅值随时间逐步增大到最大值，随后不断衰减；③出现和应涌流时，两台变压器的相互作用使得涌流的衰减过程较单台变压器空载合闸时要慢得多，持续时间较长。

13. 试述变压器瓦斯保护的基本工作原理。为什么差动保护不能完全代替瓦斯保护？【易】

答：变压器瓦斯保护分为轻瓦斯和重瓦斯两种，用于反应变压器内部故障。

轻瓦斯保护的气体继电器由开口杯、干簧触点等组成，作用于信号。重瓦斯保护的气体继电器由挡板、弹簧、干簧触点等组成，作用于跳闸。

正常运行时，气体继电器充满油，开口杯浸在油内，处于上浮位置，干簧触点断开。当变压器内部发生严重故障时，则产生强烈的瓦斯气体，油箱内压力瞬时突增，产生很大的油流向油枕方向冲击，油流冲击挡板，挡板克服弹簧的阻力，带动磁铁向弹簧触点方向移动，使触点闭合，接通跳闸回路，使断路器跳闸。当故障轻微时，排出的气体缓慢地上升而进入气体继电器，使油面下降，开口杯产生以支点为轴的逆时针方向转动，使干簧触点接通，发出信号。

瓦斯保护能反应变压器油箱内的任何故障，如铁芯过热烧伤、油面降低等，但差动保护对此类故障则无反应。又如变压器绕组发生少数线匝的匝间短路，虽然短路匝内短路电流很大，会造成局部绕组严重过热，产生强烈的油流向油枕方向冲击，但表现在相电流上却不大。因此，差动保护没反应，但瓦斯保护却灵敏地加以反应，这就是差动保护不能代替瓦斯保护的原因。

14. 变压器过激磁保护为什么采用具有反时限的动作特性，其整定原则是什么？【中】

答：（1）变压器过激磁运行，其励磁电流很大，励磁电流波形畸变，使内部损耗增加，铁芯温度升高及引起局部过热。

（2）铁芯温度的升高及局部过热增加的速度与过激磁倍数的平方成正比例，即变压器开始过激磁到产生的过热程度危及变压器安全的时间与过激磁倍数的平方成反比，即具有反时限特性。

（3）为有效保护变压器及防止不必要的切除变压器，过激磁保护应采用具有反时限的动作特性。

（4）具有反时限特性的过激磁保护整定原则，应与变压器所允许的过激磁特性曲线相配合。

15. 主变压器差动速断保护定值应满足哪些技术条件？【难】

答：主变压器差动速断保护定值应满足的技术条件有：

（1）躲变压器空投时最大励磁涌流。

（2）躲区外故障的最大不平衡电流，在变压器中、低压侧发生区外故障时

差动速断电流不应动作。

（3）校核正常方式下，高压侧引线两相短路灵敏度不小于 1.3，一般可取 8～12 倍主变压器额定电流。

（4）差电流速断保护不经电流互感器断线闭锁和二次谐波制动。

16. 如何配置自耦变压器的接地保护？ 【难】

答：自耦变压器高、中压侧间有电的联系，有共同的接地中性点，并直接接地。当系统发生单相接地短路时，零序电流可在高、中压电网间流动，而流经接地中性点的零序电流数值及相位随系统的运行方式不同会有较大变化。故自耦变压器的零序过电流保护应分别在高压及中压侧配置，电流应采用自产 $3I_0$。自耦变压器中性点回路装设的一段式零序过电流保护，只在高压或中压侧断开、内部发生单相接地短路、未断开侧零序过电流保护的灵敏度不够时才用。

由于在高压或中压电网发生接地故障时，零序电流可在自耦变压器的高、中压侧间流动，为满足选择性的要求，高压和中压侧的零序过电流保护应装设方向元件，方向元件的电流应采用自产 $3I_0$，其方向指向本侧母线。作为变压器的接地后备保护还应装设不带方向的零序过电流保护。

17. 为什么自耦变压器的零序电流保护不取中性线的电流互感器，而要取自高、中压侧电流互感器？ 【难】

答：在系统发生单相接地故障时，该中性点的电流既不等于高压侧电流，也不等于中压侧电流，中性点电流取决于二次绕组所在电网零序综合阻抗 $Z_{0\Sigma}$，当 $Z_{0\Sigma}$ 为某一值时，一、二次绕组电流将在公共绕组中完全抵消，使公共绕组电流为零。当 $Z_{0\Sigma}$ 大于此值时，中性点零序电流将于高压侧电流同相。当 $Z_{0\Sigma}$ 小于此值时，中性点零序电流将于高压侧电流反相。所以自耦变压器零序电流保护要取自高中压侧电流互感器。

18. 变压器差动保护通常采用哪几种方法躲励磁涌流？ 【易】

答：目前变压器保护主要采用以下方法躲励磁涌流：①采用具有速饱和铁芯的差动继电器；②鉴别间断角；③二次谐波制动；④波形不对称制动；⑤励磁阻抗判别。

19. 主变压器差动电流启动定值的整定原则是什么？　【中】

答：差动电流启动定值 I_{cdqd} 为差动保护最小动作电流值，应按躲过正常变压器额定负载时的最大不平衡电流整定。

在工程实用整定计算中可选取 $I_{cdqd} = (0.2 \sim 0.5)I_e$，$I_e$ 为变压器二次额定电流。

第二节　工　程　理　论

1. 220kV/110kV/35kV 变压器为 YN/YN/△－11 接线，35kV 侧没负荷，也没引线，变压器实际当作两卷变用，采用微机双侧差动保护。这台变压器差动保护的二次电流是否需要转角（内部转角或外部转角）？为什么？【中】

答：对高中侧二次电流必须进行转角。

因为一次变压器内部有一个内三角绕组，在电气特性上相当于把三次谐波和零序电流接地，使之不能传变。二次接线电气特性必须和一次特性一致，所以必须进行转角，无论是采用内部软件转角方式还是外部回路转角方式。

若不转角，当外部发生不对称接地故障时，差动保护会误动。

2. 在无功功率不足的系统中，为什么不宜采用改变变压器分接头来调压？【易】

答：由负荷的电压特性分析可知，当改变变比提高用户端的电压后，用电设备从系统吸取的无功功率就相应增大，使得电力系统的无功缺额进一步增加，导致运行电压进一步下降。如此恶性循环下去，就会发生"电压崩溃"，造成系统大面积停电的严重事故。因此，在无功功率不足的电力系统中，首先应采用无功功率补偿装置补偿无功的缺额。

3. 电抗器保护装置的零序过电流保护和过流保护应采用首端电流还是尾端电流？为什么？【中】

答：应采用首端电流互感器的电流。零序电流保护和过流保护的定值一般取 1.3～2 倍额定电流，在电抗器首端发生引线的相间或接地故障时，首端电流互感器的电流反应系统短路的故障电流，其值一般远大于保护定值，所以零序

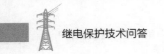

电流保护和过流保护能够动作，而在引线短路故障时，电抗器的每一相电压都不大于额定电压，尾端电流互感器的每一相电流都不大于负荷电流，由尾端电流互感器构成的零序电流不大于非全相的零序电流，零序电流保护和过流保护达不到动作定值而不能动作。

4. 变压器差动保护为防止在充电时误动，采取的措施有哪些？ 应如何整定？ 【中】

答：采取的措施有：速饱和差动继电器、二次谐波制动、间断角原理差动保护。

（1）速饱和继电器的整定：躲避变压器励磁涌流。

（2）二次谐波制动：15％～20％。

（3）间断角：60°～65°。

5. 对 500kV 变压器纵差保护的技术要求是什么？ 【难】

答：对 500kV 变压器纵差保护的技术要求是：①应能躲过励磁涌流和区外短路产生的不平衡电流；②应在变压器过励磁时不误动；③差动保护范围应包括变压器套管及其引出线；④用 TPY 级暂态型电流互感器。

6. 简述 220kV 及以上电压等级智能变电站变压器保护配置方案。 【中】

答：每台主变压器保护配置 2 套含有完整主、后备保护功能的变压器电量保护装置。合并单元、智能终端均应采用双套配置并分别接入保护装置，两套保护及其合并单元、智能终端在物理和保护应用上都应完全独立。非电量保护就地布置，采用直接电缆跳闸方式，动作信息通过本体智能终端上 GOOSE 网，用于测控及故障录波。

7. 变压器有了差动保护为什么还要设置差动速断保护？ 【易】

答：当变压器内部或变压器引出线套管（在差动保护范围内）发生严重故障时，由于电流互感器饱和二次电流的波形将发生严重畸变，其中含有大量的谐波分量，使涌流判别元件误判成励磁涌流引起的差流，使差动保护拒动或延缓动作，严重损坏变压器。为克服差动保护上述缺点设置差动速断元件，差动速断元件反映的也是差流，与差动保护不同的是，它只反映差流的有效值。不管差流的波形是否畸变及含有谐波分量的大小，只要差流的有效值超过整定值就将迅速动作跳开变压器各侧开关把变压器从电网中切除。

8. 简要介绍变压器励磁涌流的特点，防止励磁涌流影响的方法有哪些？【中】

答：励磁涌流的特点有：①包含有很大的非周期分量，往往使涌流偏于时间轴一侧；②包含有很大的高次谐波分量，并以二次谐波为主；③励磁涌流波形之间出现间断。

防止励磁涌流影响的方法有：①采用具有速饱和铁芯的差动继电器；②鉴别短路电流和励磁涌流波形的区别，要求间断角为 60°～65°；③利用二次谐波制动，制动比为 10%～20%；④利用波形对称原理的差动继电器。

9. 主变压器接地后备保护中零序过流与间隙过流的电流互感器是否应该共用一组？为什么？【中】

答：主变压器接地后备保护中零序过流与间隙过流的电流互感器不应该共用一组。

两种保护电流互感器独立设置后则无需人为进行投、退操作，自动实现中性点接地时投入序过流（退出间隙过流）、中性点不接地时投入间隙过流（退出零序过流）的要求，安全可靠。

反之，两者共用一组电流互感器有如下弊端：①当中性点接地运行时，一旦忘记退出间隙过流保护，又遇有系统内接地故障，往往造成间隙过流误动作将本变压器切除；②间隙过流元件定值很小，但每次接地故障都受到大电流冲击，易造成继电器损坏。

10. 变压器差动保护用的电流互感器，在最大穿越性短路电流时，其误差超过 10%，此时应采取哪些措施来防止差动保护误动作？【难】

答：此时应采取下列措施：①适当增加电流互感器的变比；②将两组电流互感器按相串联使用；③减小电流互感器二次回路负载；④在满足灵敏度要求的前提下，适当提高保护动作电流。

11. 怎样理解变压器非电气量保护和电气量保护的出口继电器要分开设置？【易】

答：变压器非电气量保护和电气量保护的出口继电器需要分开设置的原因为：

（1）反措要求要完善断路器失灵保护。

（2）反措同时要求不应使用故障电流切断后，装置整组返回时间大于 40ms 的电气量保护和非电量保护作为断路器失灵保护的启动量。

（3）变压器的差动保护等电气量保护和瓦斯保护合用出口，会造成瓦斯保护动作后启动失灵保护的问题。由于瓦斯保护的延时返回可能会造成失灵保护误动作，因此变压器非电气量保护和电气量保护的出口继电器要分开设置。

12. 为防止变压器差动保护在充电励磁涌流时误动可采取的措施有哪些？【中】

答：为防止变压器差动保护在充电励磁涌流时误动，可采取的措施有：①采用具有速饱和铁芯的差动继电器；②采用五次谐波制动；③鉴别短路电流和励磁电流波形的区别；④采用二次谐波制动。

13. 变压器零序电流保护为什么在各段中均设两个时限？【中】

答：在变压器零序电流保护中，要考虑缩小故障影响范围的问题。每段零序电流可设两个时限，并以较短的时限动作于缩小故障影响范围（跳母联等），以较长的时限断开变压器各侧断路器。

14. 请叙述变压器保护中比率差动保护、差动速断保护各自的作用是什么？【中】

答：比率差动保护是为了提高内部故障时的动作灵敏度及可靠躲过外部故障的不平衡电流而设置的。

差动速断保护是为了在变压器内部严重故障时，如果电流互感器饱和，电流互感器二次电流的波形将发生严重畸变，并含有大量的谐波分量，从而使比率差动保护中涌流判别元件误判成励磁涌流，导致比率差动保护拒动，造成变压器严重损坏，此时由不经闭锁的差动速断保护快速动作切除故障。

15. 变压器差动保护在外部短路暂态过程中产生不平衡电流（两侧二次电流的幅值和相位已完全补偿）的主要原因是哪些？【中】

答：在两侧二次电流的幅值和相位已完全补偿好的条件下，产生不平衡电流的主要原因是：①外部短路电流倍数太大，两侧电流互感器饱和程度不一致；②外部短路非周期分量电流造成两侧电流互感器饱和程度不同；③二次电缆截面选择不当，使两侧差动回路负荷不对称；④电流互感器设计选型不当，应用 TP 型于 500kV，但中低压侧用 5P 或 10P；⑤各侧均用 TP 型电流互感器，但电流互感器的短路电流最大倍数和容量不足够大；⑥各侧电流互感器二次回路的时间常数相差太大。

16. 简述发电机、变压器配置远后备保护的目的。【中】

答：发电机、变压器配置远后备保护的目的是：①在发电机、变压器的主保护、近后备保护拒动或其开关拒跳时，动作跳开上一级开关隔离故障点；②在电力系统事故时，减小故障范围。

17. 自耦变压器过负荷保护比起非自耦变压器的来说，更要注意什么？【难】

答：自耦变压器高、中、低三个绕组的电流分布、过载情况与三侧之间传输功率的方向有关，因而自耦变压器的最大允许负载（最大通过容量）和过载情况除与各绕组的容量有关外，还与其运行方式直接相关。特别是高、低压侧同时向中压侧传输功率时，会在三侧均未过载的情况下，其公共绕组却已过载。

18. 变压器差动保护在稳态情况下的不平衡电流产生的原因是什么？【中】

答：变压器差动保护在稳态情况下的不平衡电流产生的原因是：

（1）由于变压器各侧电流互感器型号不同，即各侧电流互感器的励磁电流不同而引起误差而产生的不平衡电流。

（2）由于实际的电流互感器变比和计算变比不同引起的不平衡电流。

（3）由于改变变压器调压分接头引起的不平衡电流。

（4）变压器本身的励磁电流造成的不平衡电流。

19. 变压器差动保护在暂态情况下的不平衡电流产生的原因是什么？【中】

答：由于短路电流的非周期分量，主要为电流互感器的励磁电流，使其铁芯饱和，误差增大而引起不平衡电流。

20. 在 Y / △ 接线的变压器选用 2 次谐波制动原理的差动保护，当空载投入时。由于一次采用了相电流差进行转角，某一相的 2 次谐波可能很小，为防止误动目前一般采取的是什么措施？该措施有什么缺点？【中】

答：可采用三相"或"闭锁的措施，但存在空载投入伴随故障时保护动作

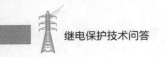

延时的缺点。

21. 谐波制动的变压器保护为什么要设置差动速断元件？【易】

答：设置差动速断元件的主要原因是：为防止在较高的短路电流水平时，由于电流互感器饱和产生高次谐波量增加，产生极大的制动量而使差动保护拒动，因此设置差动速断元件，当短路电流达到 $4\sim10$ 倍额定电流时，速断元件不经谐波闭锁快速动作出口。

22. 为什么在丫／△—11 变压器中差动保护电流互感器二次在丫侧接成△形， 而在△侧接成丫形？【易】

答：丫／△—11 接线组别使两侧电流同名相间有 30°相位差，即使二次电流数值相等，也有很大的差电流进入差动继电器，为此将变压器丫侧的电流互感器二次接成△形，而将△侧接成丫形，达到相位补偿之目的。

23. 为什么变压器纵差保护能反映绕组匝间短路？ 而发电机纵差保护不能反映匝间短路？【中】

答：变压器某侧绕组匝间短路时，该绕组的匝间短路部分可视为出现了一个新的短路绕组，使差流变大，当达到整定值时差动就会动作。

由于变压器有磁耦合关系且每相不少于两个绕组，匝间短路时 $H\neq0$，而发电机没有磁耦合关系且每相只有一个绕组，绕组匝间短路时 $H=0$，没有差流，保护不动作。

24. 新安装的变压器差动保护在投运前应做哪些检查？【易】

答：应做如下检查：

（1）进行变压器充电合闸 5 次，以检查差动保护躲励磁涌流的性能。

（2）带一定负荷后测量各侧各相电流的有效值和相位，检查外部交流电流输入回路接线的正确性。

（3）测量或检查差动保护的差电压（或差电流），检查装置及电流回路接线的正确性。

（4）短时退出待检查的差动保护，利用封短单相电流回路的方法检查电流中性线回路的正确性。

25. 变压器纵差保护主要反映何种故障，瓦斯保护主要反映何种故障和异常？【易】

答：纵差保护主要反映变压器绕组、引线的相间短路及大接地电流系统侧的绕组、引出线的接地短路。

瓦斯保护主要反映变压器绕组匝间短路及油面降低、铁芯过热等本体内的任何故障。

26. 简述智能变电站主变压器非电量保护的跳闸模式。【易】

答：220kV 变电站主变压器非电量保护一般在现场配置主变压器非电量智能终端和非电量保护装置。就地实现非电量保护，有效地减少了由于电缆的损坏或电磁干扰导致保护拒动或误动的可能性。非电量保护在就地直接采集主变压器的非电气量信号，当主变压器故障时，非电量保护通过电缆接线直接作用于主变压器各侧智能终端的"其他保护动作三相跳闸"输入端口（强电口，直接启动出口中间继电器），非电量保护装置通过光缆将非电量保护动作信号"发布"到 GOOSE 网，用于测控信号监视及录波等。

27. 自耦变压器的接线形式为 Y0 自耦／△三侧，其过负荷保护如何配置，为什么？【难】

答：自耦变压器的自耦两侧和△侧及公共绕组均应装设过负荷保护。

原因：自耦变压器一般应用于超高压网络，作为联络变压器，各侧都有过负荷的可能。另外，带自耦的高中压侧可能没有过负荷，而公共绕组由于额定容量 $S = (1 - 1/N)S_e$，可能过负荷。因此，公共绕组及自耦变压器各侧均应装设过负荷保护。

28. 简述智能变电站主变压器非电量保护的跳闸模式。【中】

答：智能变电站主变压器非电量保护一般在现场配置主变压器非电量智能终端和非电量保护装置。就地实现非电量保护，有效地减少了由于电缆的损坏或电磁干扰导致保护拒动或误动的可能性。非电量保护就地直接采集主变压器的非电气量信号，当主变压器故障时，非电量保护通过电缆接线直接作用于主变压器各侧智能终端的"其他保护动作三相跳闸"输入端口（强电口，直接启动出口中间继电器），非电量保护装置通过光缆将非电量保护动作信号"发布"

到 GOOSE 网，用于测控信号监视及录波等。

29. 为什么主变压器保护中要设置零序过压和间隙过流保护？其动作时间如何考虑？【中】

答：由于 220kV 和 110kV 系统存在间隙接地方式，故装置设有零序过压和间隙过流保护。

间隙过流保护、零序过压保护动作并展宽一定时间后计时。考虑到在间隙击穿过程中，零序过流和零序过压可能交替出现，装置零序过压和零序过流元件动作后相互保持，此时间隙零序过流的动作时间整定值和跳闸控制字的整定值均以间隙零序过流保护的整定值为准。

30. 对变压器和电抗器的非电量保护的出口中间继电器动作电压有何要求？【中】

答：外部开入直接启动，不经闭锁便可直接跳闸的变压器和电抗器非电量保护在启动开入端采用动作电压在额定直流电源电压的 55%～70% 范围以内的中间继电器，并要求其动作功率不低于 5W。

31. 变压器零序过流、过压保护投退原则是什么？【易】

答：零序过流、过压保护根据变压器中性点的运行方式决定是否投入。变压器中性点接地运行时投入零序过流保护，变压器中性点不接地运行时投入零序过压保护。保护动作后，根据预先整定的跳闸矩阵选跳相应断路器。

第三节 工 程 实 践

1. 对 YNd 接线的变压器，当 YN 侧区外发生接地故障时，YN 侧零序电流与中性点零序电流存在什么关系？当 YN 侧靠近中性点附近发生匝间故障时，YN 侧零序电流与中性点零序电流方向存在什么关系？【难】

答：YN 侧区外发生接地故障时，YN 侧零序电流与中性点零序电流大小相等、方向相同，属于穿越变压器零序电流。发生匝间故障时，可以把短路绕组当作自耦变压器的公共绕组发生一相与中性点短路，此时 YN 侧零序电流与中性点接地电流也大小相等，方向相同。

2. 对 YN/a/d 接线的自耦变压器，当两个调压端子间发生短路故障时，YN 侧是否会出现零序电流？零序差动是否能动作？【难】

答：可把短路的两个接头之间的绕组当作第四侧的 Y 接线绕组发生一相短路故障。此时，会使得三相磁通不平衡，在 d 绕组中产生环流，引起 YN 侧及中性点产生零序电流，但此零序电流属于穿越性零序电流，不会引起零序差动保护动作。

3. 简述智能变电站主变压器保护当某一侧 MU 的压板退出后，怎么处理。【易】

答：智能变电站主变压器保护当某一侧 MU 压板退出后，该侧所有的电流电压采样数据显示为 0，装置底层硬件平台接收处理采样数据，不计入保护，采样数据状态标志位为有效；同时闭锁与该侧相关的差动保护，退出该侧后备保护。当 MU 压板投入后，装置自动开放与该侧相关的差动保护，投入该侧后备保护。

4. 智能变电站主变保护 GOOSE 出口软压板退出时，是否发送 GOOSE 跳闸命令？【易】

答：智能变电站中"GOOSE 出口软压板"代替的是常规站保护屏柜上的跳合闸出口硬压板，当"GOOSE 出口软压板"退出后，保护装置不能发送 GOOSE 跳闸命令。

5. 分析合并单元数据异常后，对 220kV 双绕组主变压器保护的影响。【中】

答：合并单元数据异常后，对 220kV 双绕组主变压器保护的影响为：

（1）变压器差动相关的电流通道异常，闭锁相应的差动保护和该侧的后备保护。

（2）变压器中性点零序电流、间隙电流异常时，闭锁该侧后备保护中对应使用该电流通道的零序保护、间隙保护。

（3）相电压异常时，保护逻辑按照该侧电压互感器断线处理。

（4）零序电压异常时，闭锁该侧的间隙保护和零序过压保护。

6. 根据保护投入情况分析主变压器差动保护动作情况。【中】

双绕组变压器保护通入电流，且产生的差流超过保护动作定值，各侧 MU

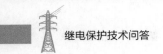

及装置检修压板如下表所示，主变压器保护中各侧 MU 接收软压板按正常运行方式投入，试问主变压器差动保护动作情况。

高压合并单元 （检修位）	低压合并单元 （检修位）	保护装置 （检修位）	保护 动作情况
0	0	0	
0	0	1	
0	1	1	
1	1	0	
1	0	0	
1	1	1	

答：

高压合并单元 （检修位）	低压合并单元 （检修位）	保护装置 （检修位）	保护 动作情况
0	0	0	动作
0	0	1	不动作
0	1	1	不动作
1	1	0	不动作
1	0	0	不动作
1	1	1	动作，但出口报文置检修

7. 运行中的变压器瓦斯保护，当现场进行什么工作时，重瓦斯保护应由 "跳闸" 位置改为 "信号" 位置运行？【中】

答：进行注油和滤油时；进行呼吸器畅通工作或更换硅胶时，除采油样和气体继电器上部放气阀放气外，在其他所有地方打开放气、放油和进油阀门时；开、闭气体继电器连接管上的阀门时；在瓦斯保护及其二次回路上进行工作时；对于充氮变压器，当油枕抽真空或补充氮气时，变压器注油、滤油、充氮（抽真空）、更换硅胶及处理器时。

在上述工作完毕后，经 1h 试运行后，方可将重瓦斯保护投入跳闸。

8. 为防止变压器后备阻抗保护电压断线误动，应该采取什么措施？【难】

答：为防止变压器后备阻抗保护电压断路误动，必须采取的措施有：①装设电压断线闭锁装置；②装设电流突变量元件或负序电流突变量元件作为启动元件。

9. 变压器差动保护用的电流互感器，在最大穿越性短路电流时其误差超过 10％时，应采取哪些措施来防止差动保护误动作？【难】

答：此时应采取下列措施：①适当地增加电流互感器的变比；②将两组电流互感器按相串联使用；③减小电流互感器二次回路负载；④在满足灵敏度要求的前提下，适当地提高保护动作电流。

10. 变压器过励磁后对差动保护有哪些影响？如何克服？【难】

答：变压器过励磁后，励磁电流急剧增加，使差电流相应加大，差动保护可能误动。

可采取 5 次谐波制动方案，也可提高差动保护定值，躲过过励磁产生的不平衡电流。

11. 变电站高压侧接线为内桥接线。通常电磁型变压器差动保护装置是将高压侧进线电流互感器与桥开关电流互感器并联后接入差动回路，而比率式变压器差动保护需将高压侧进线开关电流互感器与桥开关电流互感器分别接入保护装置变流器，为什么？【难】

答：设进线电流为 I_1，桥开关电流为 I_2，对比率式差动保护而言：

启动电流值很小，一般为变压器额定电流的 0.3～0.5 倍。当高压侧母线故障时，短路电流很大，流进差动保护装置的不平衡电流（电流互感器的 10％误差）足以达到启动值。

把桥开关电流互感器与进线电流互感器并联后接入差动保护装置，高压侧母线故障时，动作电流与制动电流为同一个值，比率系数理论上为 1，保护装置很可能误动。

综合以上论述，采用比率制动的变压器保护，桥开关电流互感器与进线电流互感器应分别接入保护装置。

12. 当智能变电站主变压器保护某一侧合并单元的压板退出后，如何处理？【中】

答：当智能变电站主变压器保护某一侧合并单元压板退出后，该侧所有的电流电压采样数据显示为 0，装置底层硬件平台接收处理采样数据，不计入保护，采样数据状态标志位为有效；同时闭锁与该侧相关的差动保护，退出该侧后备保护。当合并单元压板投入后，装置自动开放与该侧相关的差动保护，投入该侧后备保护。

13. 简述 110kV 智能变电站中双重化配置的主变压器保护与合并单元、智能终端的链接关系。【易】

答：110kV 及以上智能变电站中主变压器保护通常双重化配置，对应的变压器各侧的合并单元和断路器智能终端也双重化配置，本体智能终端单套配置，其中第一套主变压器保护仅与各侧第一套合并单元及智能终端通过点对点方式连接，第二套主变压器保护仅与各侧第二套合并单元及智能终端通过点对点方式连接，第一套与第二套间没有直接物理连接和数据交互，分别独立。

14. 简述 220kV 及以上智能变电站变压器的保护配置方案。【中】

答：每台主变压器保护配置 2 套含有完整主、后备保护功能的变压器电量保护装置。合并单元、智能终端均应采用双套配置并分别接入保护装置，两套保护及其合并单元、智能终端在物理和保护应用上都应完全独立。非电量保护就地布置，采用直接电缆跳闸方式，动作信息通过本体智能终端上 GOOSE 网，用于测控及故障录波。

15. 简述 PCS-978T-（G9） 型主变压器保护电流互感器饱和的识别方法。【难】

答：为防止在变压器区外故障等状态下电流互感器的暂态与稳态饱和所引起的稳态比率差动保护误动作，装置利用二次电流中的二次和三次谐波含量来判别电流互感器是否饱和。当与某相差动电流有关的电流满足时即认为此相差流为电流互感器饱和引起，闭锁稳态比率差动保护。此判据在变压器处于运行状态才投入。

16. 简述 PCS-978T-（G9） 型主变压器保护电压互感器异常对复合电压元件、 方向元件的影响。 【难】

答：本侧电压互感器断线后，该侧复压闭锁过流保护，受其他侧复压元件控制；低压侧电压互感器断线后，本侧（或本分支）复压闭锁过流保护不经复压元件控制；对于低压侧总后备保护，当两分支电压均断线或退出时，复压闭锁过流保护不经复压元件控制。方向元件始终满足。

17. 简述 PCS-978T-（G9） 型主变压器保护本侧电压退出对复合电压元件、 方向元件的影响。 【难】

答：当本侧电压互感器检修或旁路代路未切换电压互感器时，为保证本侧复合电压闭锁方向过流的正确动作，需退出本侧电压投入压板，此时它对复合电压元件、方向元件有如下影响：

该侧复压闭锁过流保护，受其他侧复压元件控制；低压侧电压互感器断线后，本侧（或本分支）复压闭锁过流保护不经复压元件控制；对于低压侧总后备保护，当两分支电压均断线或退出时，复压闭锁过流保护不经复压元件控制。方向元件始终满足。

18. 某变电站配置 PCS-978T-（G9） 型主变压器保护， 现定值要求中压侧后备保护的复压方向过流 1 时限整定为跳中压侧母联， 其跳闸矩阵应如何设置？ 【中】

答：各元件的跳闸矩阵定值的定义见下表：

功能	跳备用出口 1~4	闭锁低压 2 分支备自投	闭锁低压 1 分支备自投	闭锁中压侧备自投	跳低压 2 分段	跳低压 2 分支	跳低压 1 分段	跳低压 1 分支	跳中压侧母联	跳中压侧	跳高压侧母联	跳高压侧

跳闸矩阵定值为十六进制数，整定方法是在需要跳闸的开关位填 "1"，其他位填 "0"，则可得到该元件的跳闸方式。定值要求中压侧后备保护的复压方向过流 1 时限整定为跳中压侧母联，则在第 3 位填 "1"，其他位填 "0"。这样得到该元件的跳闸矩阵定值为 0008。

19. 对于强油循环风冷和强油循环水冷变压器， 当变压器两路冷却电源均失去全停时， 简述保护的动作行为。 【难】

答：根据 DL/T 572《电力变压器运行规程》的规定，强油循环风冷和强油循环水冷变压器，当冷却系统故障切除全部冷却器时，允许带额定负载运行

20min。如 20min 后顶层油温尚未达到 75℃，则允许上升到 75℃，但在这种状态下运行的最长时间不得超过 1h。冷控失电逻辑图如下图所示。

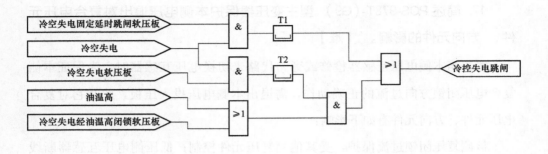

第七章 低压保护

第一节 理论基础

1. 简述 35kV 及以下电容器保护中过电流保护的工作原理。【易】

答：为保护电容器各部分发生相间短路故障，可以设置 2～3 段反映相电流增大的过电流保护作为电容器相间短路故障的主保护。在执行过流判别时，各相、各段判别逻辑一致，各段可以设定不同时限。当任一相电流超过整定值达到整定时间时，保护动作。

2. 35kV 及以下电容器保护为什么设置零序过电流元件？【易】

答：设置一段零序过电流保护，主要反映电容器各部分发生的单相接地故障。当所在系统采用中性点直接接地方式或经小电阻接地方式时，零序过电流保护可以作用于跳闸；当采用中性点不接地或经消弧线圈接地时，零序过电流保护动作告警，并可与零序电压配合实现接地选线。零序过电流元件的实现方式基本与过流元件相同，当零序电流超过整定值达到整定时间时，保护动作。

3. 简述 35kV 及以下电容器保护中反时限元件的作用。【中】

答：相间过电流及零序电流均可带有反时限保护功能。反时限保护元件是动作时限与被保护线路中电流大小自然配合的保护元件，通过平移动作曲线，可以非常方便地时限全线的配合，常见的反时限特性解析式大约分为四类，即标准反时限、非常反时限、极端反时限、长时间反时限等，可以根据实际需要选择反时限特性。

4. 简述 35kV 及以下电容器保护中不平衡保护的工作原理。【中】

答：不平衡保护主要用来保护电容器内部故障，单支或部分电容器故障退出运行，电容器三相参数不平衡造成其余电容器过电压损坏。可以根据一次设备接线情况选择配置不平衡电压保护和不平衡电流保护，如采用单星形接线方

式下，将各相放电线圈二次电压串接形成不平衡电压保护，采用双星形接线时，将两个星形中性点连接线电流接入形成不平衡电流保护。

5. 35kV 及以下电抗器的故障类型和不正常运行状态包括哪些？ 【中】

答：（1）电抗器故障可分为内部故障和外部故障。电抗器内部故障指的是电抗器箱壳内部发生的故障，有绕组的相间短路故障、单相绕组的匝间短路故障、单相绕组与铁芯间的接地短路故障，电抗器绕组引线与外壳发生的单相接地短路。此外，还有绕组的断线故障。电抗器的外部故障指的是箱壳外部引出线间的各种相间短路故障，以及引出线因绝缘套管闪络或破损通过箱壳发生的单相接地短路。

（2）电抗器的不正常运行状态。电抗器的不正常运行主要包括过负荷引起的对称过电流、运行中的电抗器油温过高以及压力过高等。

6. 简述 35kV 及以下电抗器差动保护的工作原理。 【中】

答：差动保护的基本原理源于基尔霍夫电流定律，即将被保护区域看成是一个节点，如果流入保护区域电流等于流出的电流，则保护区域无故障或是外部故障。如果流入保护区域的电流不等于流出的电流，说明存在其他电流通路，保护区域内发生故障。由于电抗器采用各相首末端电流构成差动保护，各侧电压相同、电流互感器变比也相同，可以直接用于差动电流计算。电抗器首末端二次电流的相量和称为差动电流，简称差流。在电抗器正常运行或外部故障时，电抗器首末端二次电流相等，此时差流为 0，差动保护不动作；当电抗器内部故障时，则只有电抗器首段的电流而没有末端电流，差流很大，差动保护动作。

7. 简述 35kV 及以下电抗器比率差动保护工作原理。 【中】

答：若差动保护动作电流是固定值，必须按躲过区外故障差动回路最大不平衡电流来整定，定值相应增高，此时如发生匝间或离末端较近的故障，保护就不能灵敏动作。反之，若考虑区内故障，差动保护可以灵敏动作，就必须降低差动保护定值，但此时区外故障时差动保护就会误动。比率制动式差动保护的动作电流随外部短路电流按比率增大，既能保证外部短路不误动，又能保证内部故障有较高的灵敏度。

8. 简述 35kV 及以下电抗器保护中电流互感器断线的动作原理。【难】

答：延时电流互感器断线报警在保护每个采样周期内进行，当任意一相差流大于 0.08 倍额定电流的时间超过 10s 时发出电流互感器断线报警信号，此时不闭锁比率差动保护。

瞬时电流互感器断线报警或闭锁功能在比率差动元件动作后进行判别，为防止瞬时电流互感器断线的误闭锁，满足下述任一条件时，不进行瞬时电流互感器断线判别：①启动前各侧最大相电流小于 0.08 倍额定电流；②启动后最大相电流大于过负荷保护定值；③启动后电流比启动前增加。

首端、末端六路电流同时满足下列条件时认为是电流互感器断线：①一侧电流互感器的一相或两相电流减小至差动保护启动；②其余各路电流不变。

可以选择瞬时电流互感器断线发报警信号的同时闭锁比率差动保护，如果比率差动保护退出运行，则瞬时电流互感器断线的报警和闭锁功能自动取消。

9. 站用变压器定期轮换的目的是什么？【中】

答：站用变压器定期轮换的目的是防止站用变压器长期不用导致受潮，如果运行中的站用变压器损坏，备用的站用变压器根本用不了；另外，通过试验检修就可以调整使用备用的站用变压器。

10. 站用变压器保护测控装置在保护方面的主要功能有哪些？【中】

答：站用变压器保护测控装置在保护方面的主要功能有：①三段式复合电压闭锁过流保护；②高压侧接地保护；③低压侧接地保护。

11. 站用变压器保护测控装置在测控方面的主要功能有哪些？【中】

答：站用变压器保护测控装置在测控方面的主要功能有：①装置遥信变位以及事故遥信；②变压器高压侧断路器正常遥控分合；③开关事故分合次数统计及事件。

第二节　保　护　简　介

1. 35kV 及以下电容器的故障和不正常运行状态通常包括哪些？【易】

答：电容器引线、电缆或电容器本体上发生的相间短路、单相接地等。电

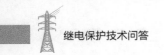

容器可能因运行电压过高受损或电容器失压后再次充电受损。部分电容器熔断器熔断退出运行造成三相电压不平衡引起其他电容器单体运行电压过高导致损坏。

2. 一般 35kV 及以下电容器异常告警配置有哪些？ 【易】

答：一般 35kV 及以下电容器异常告警配置有：零序过电流保护、电压互感器断线告警或闭锁保护。

3. 35kV 及以下电容器保护中欠压保护的一般动作条件是什么？ 【易】

答：35kV 及以下电容器保护中欠压保护的一般动作条件为：①三个线电压均低于欠电压定值；②三相电流均小于电流整定值；③线电压从有压到欠压；④断路器在合位。

4. 35kV 及以下电容器保护中过压保护的一般动作条件是什么？ 【易】

答：35kV 及以下电容器保护中过压保护的一般动作条件为：①三个线电压中的任一个电压高于过压整定值；②断路器在合位。

5. 35kV 及以下电容器保护中不平衡保护的动作条件是什么？ 【易】

答：35kV 及以下电容器保护中不平衡保护的动作条件是：①不平衡电压或电流大于不平衡整定值；②断路器在合位。

6. 35kV 及以下电容器保护中电压互感器断线的典型判据有哪些？ 【中】

答：35kV 及以下电容器保护中电压互感器断线的典型判据有：①三相电压均小于 8V，其中一相有电流，判为三相失压；②三相电压和大于 8V，最小线电压小于 16V，判为两相电压互感器断线；③三相电压和大于 8V，最大线电压与最小线电压差大于 16V，判为单相的电压互感器断线。

7. 35kV 及以下电抗器保护中电压互感器断线的判据是什么？ 【中】

答：35kV 及以下电抗器保护中电压互感器断线的判据为：

（1）低电压判据：最大相间电压小于 30V，且任一相电流大于 0.06 倍额定电流。

（2）不对称电压判据：负序电压大于 8V。

满足以上任一条件，延时报电压互感器断线，断线消失后延时返回。电压互感器断线期间，自动退出零序过压告警。

8. 简单介绍 35kV 及以下电抗器保护中非电量保护。【中】

答：考虑到电抗器内部轻微故障，如少量匝间短路或末端附近相间或接地短路，差动保护和过电流保护可能无法灵敏动作，而气体继电器可以灵敏反映这一变化。可以设置多路非电量保护，以反映油箱内气体流动或压力的增大，并可以选择动作告警或跳闸。

9. 简述 35kV 及以下电抗器的接地保护。【中】

答：接地保护可以选择零序过电流保护和零序过压报警。

（1）零序过电流保护。当所在系统采用中性点直接接地方式或经小电阻接地方式时，零序过电流保护可以作用于跳闸。为避免由于各相电流互感器特性差异降低灵敏度，宜采用专用零序电流互感器。零序过电流元件的实现方式基本与过流元件相同，当零序电流超过整定值达到整定时间时，保护动作。

（2）零序过压报警用电压由装置内部对三相电压相量相加自产，一般采用动作告警，电压互感器断线时自动退出。

10. 站用变压器在变电站中的作用是什么？【易】

答：站用变压器在变电站中的作用是：①提供变电站内的生活、生产用电；②为变电站内的设备提供交流电，如保护屏、高压开关柜内的储能电机、SF_6 开关储能、主变压器有载调机构等，需要操作电源的；③为直流系统充电。

11. 备自投装置的充电条件有哪些？【中】

答：备自投装置的充电条件有：①运行母线三相有压；②备用母线或线路有压；③运行开关合闸位置；④热备用开关 TWJ 接点闭合。

12. 备自投装置的瞬时放电条件有哪些？【中】

答：备自投装置的瞬时放电条件有：①运行开关手分开入；②外部闭锁有开入。

13. 备自投装置发合闸脉冲的动作条件是什么？【中】

答：备自投装置发合闸脉冲的动作条件是：①运行母线三相有压；②主供电源线路或主变压器无流；③备用电源有压。

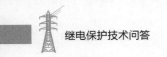

14. 什么是站用变压器保护测控装置？【易】

答：站用变压器保护测控装置是针对变电站、水电站自身用电的降压变电器安全所采用的保护设施，设备使用后可以保障电网系统的正常平稳运行，能够很大程度避免电力故障带来的危害。

第三节 保 护 配 置

1. 一般 35kV 及以下电容器保护配置有哪些？【易】

答：一般 35kV 及以下电容器保护配置有：①相间过电流保护；②电压保护：包括过压保护和欠压保护；③不平衡保护：包括不平衡电流保护和不平衡电压保护，可根据一次设备接线情况进行选择。

2. 35kV 及以下电抗器的主保护配置有哪些？【中】

答：35kV 及以下电抗器的主保护配置有差动保护和非电量保护。

（1）差动保护：包含差动速断保护、比率制动的差动保护。

（2）非电量保护：包含本体气体保护、压力释放保护等。

3. 35kV 及以下电抗器的后备保护配置有哪些？【中】

答：35kV 及以下电抗器的后备保护配置有：①阶段式过电流保护或反时限过电流保护；②零序过电流保护；③过负荷保护；④电压互感器断线告警或闭锁保护。

4. 变电站对站用电源的配置有什么要求？【中】

答：变电站对站用电源的配置要求有：①110（66）kV 及以上电压等级变电站应至少配置两路站用电源；②装有两台及以上主变压器的 330kV 及以上变电站和地下 220kV 变电站，应配置三路站用电源；③站外电源应独立可靠，不应取自本站作为唯一供电电源的变电站。

5. 备自投装置有什么基本要求？【中】

答：备自投装置的基本要求有：①应保证在工作电源或设备断开后，才投入备用电源或设备；②失去供电电源后，自动投入装置应保证备用电源开关只动作一次；③应有电压互感器二次断线的闭锁装置，当电压回路异常失压时，备用电源自动投入装置不应误动作；④备用电源有电压正常的监视回路，工作电源应有电压消失的判别回路；⑤当变电站母线故障时，备自投不应该动作。

第八章 母 线 保 护

第一节 理 论 基 础

1. 220kV 母线保护为什么有母联死区？【易】

答：对于双母线或单母线分段的母差保护，当故障发生在母联断路器与母联电流互感器之间或分段断路器与分段电流互感器之间时，如果不采取措施断路器侧的母差保护要误动，而电流互感器侧的母差保护要拒动，一般把母联断路器与母联电流互感器之间或分段断路器与分段电流互感器之间这一段范围称作死区。

2. 智能变电站 220kV 母差保护是否需要配置启动失灵 GOOSE 接收软压板？【易】

答：智能化变电站 220kV 母差保护需要配置启动失灵 GOOSE 接收软压板，原因是智能化母差保护装置失灵保护需要接收线路保护装置、主变保护装置、母联保护装置的失灵启动开入，为防止误开入，对应支路应配置失灵启动软压板，只有压板投入的情况下，失灵开入才计算入失灵逻辑，此方法提高保护的可靠性。

3. 简述智能变电站母差保护 SV 接收软压板配置方式。【易】

答：按照虚端子接口标准化设计规范，按间隔配置间隔 SV 接收软压板，并配置一个总的电压 SV 接收软压板。

4. 为什么"对双母线接线按近后备原则配置的两套主保护，当合用电压互感器的同一、二次绕组时，至少应配置一套分相电流差动保护"？【中】

答：线路近后备保护配置原则为：当一套线路主保护拒动时，由本线路的另一套主保护实现后备；当断路器拒动时，由断路器失灵保护实现后备。

线路保护合用电压互感器的同一、二次绕组时，如线路配置了两套高频距离保护，当电压互感器回路发生故障，两套保护都可能因失去电压互感器电压而被闭锁（拒动），使失灵保护无法启动。而分相电流差动保护不需要电压互感器判据，不受电压互感器断线的影响，可以确保一套主保护正常工作。

5. 双母线接线的微机母差保护具有大差和小差，小差能区分故障母线，为什么还要设大差？【易】

答：母线进行倒闸操作时，两段母线被隔离开关短接，此时如发生区外故障，小差会出现较大的差流，而大差没有，有大差闭锁就不会误动。

微机母差保护利用隔离开关辅助接点的位置识别母线的连接状态，若辅助接点接触不良，小差会出现较大的差流，有大差闭锁就不会误动。

第二节 工 程 理 论

1. 简述 SV 报文品质对母线差动保护的影响。【中】

答：母差保护运行时需要对母线所连的所有间隔的电流信息进行采样计算，所以当任一间隔的电流 SV 报文中品质位为无效时，将会影响母差保护的计算，母线保护将闭锁差动保护。

当母线电压 SV 报文品质位与母差保护现状态不一致时，母差保护报母线电压无效，母差保护复合电压闭锁开放。

2. 常规站和智能站解决断路器失灵保护电压闭锁元件灵敏度不足的问题有什么区别？【中】

答：对于常规站，变压器支路应具备独立于失灵启动的解除电压闭锁的开入回路，"解除电压闭锁"开入长期存在时应告警，宜采用变压器保护"跳闸触点"解除失灵保护的电压闭锁，不采用变压器保护"各侧复合电压动作"触点解除失灵保护电压闭锁，启动失灵和解除失灵电压闭锁应采用变压器保护不同继电器的跳闸触点。

对于智能站，母线保护收到变压器支路变压器保护"启动失灵"的 GOOSE 命令同时启动失灵和解除电压闭锁。

3. 在母线电流差动保护中，为什么要采用电压闭锁元件？怎样闭锁？【难】

答：为了防止差动继电器误动作或误碰出口中间继电器造成母线保护误动

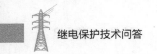

作，故采用电压闭锁元件。它利用接在每组母线电压互感器二次侧上的低电压继电器和零序过电压继电器实现。三支低电压继电器反应各种相间短路故障，零序过电压继电器反应各种接地故障。利用电压元件对母线保护进行闭锁，接线简单。防止母线保护误动接线是将电压重动继电器的触点串接在各个跳闸回路中。这种方式如误碰出口中间继电器不会引起母线保护误动作，因此被广泛采用。

4. 母线保护中，为什么主变压器支路设置"解除失灵保护电压闭锁"的开入端子？【难】

答：当失灵保护动作跳闸时故障并不是在母线上，而是在线路或者变压器内。因此复合电压闭锁元件最好能够在线路末端或变压器另一侧（或两侧）短路时有足够的灵敏度。在变压器另一侧（另两侧）短路时有足够的灵敏度这一点往往很难满足，因此，主变支路设置有"解除失灵保护电压闭锁"的开入端子。

5. 简述双母双分段线接线变电站的母差保护、断路器失灵保护，分段支路不应经复合电压闭锁的原因。【难】

答：双母双分段接线的变电站分段断路器左右两侧各配置两套母线保护，相互之间不交互信息，当分段断路器和电流互感器之间发生先断线后接地故障时（故障点靠近分段断路器），故障母线差动元件满足动作条件、但电压闭锁元件不满足动作条件，另一侧母线保护差动元件不动作、但电压闭锁元件开放，将导致两套母线差动保护均拒动，如跳分段断路器不经电压闭锁，则可先跳分段，再启动分段失灵保护切除故障，因此母线保护跳分段支路不应经复合电压闭锁。

6. 500kV 母差保护（3/2 开关接线），为什么不必考虑常规的电压闭锁？【中】

答：(1) 考虑电压闭锁需要有负序和零序电压，就需要三相式电压互感器，500kV 母线都是单相式电压互感器，构不成负序和零序。

(2) 当一组母线电压互感器检修时需切换电压回路，会增加回路的复杂性。

(3) 母差保护误动不会带来严重的后果。

7. 当母线出线发生近区故障电流互感器饱和时其二次侧电流有哪些特点？【难】

答：（1）在故障发生瞬间，由于铁芯中的磁通不能跃变，电流互感器不能立即进入饱和区，而是存在一个时域为 3～5ms 的线性传递区。在线性传递区内，电流互感器二次电流与一次电流成正比。

（2）电流互感器饱和之后，在每个周期内一次电流过零点附近存在不饱和时段，在此时段内，电流互感器二次电流又与一次电流成正比。

（3）电流互感器饱和后其励磁阻抗大大减小，使其内阻大大降低，严重时内阻等于零。

（4）电流互感器饱和后，其二次电流偏于时间轴一侧，致使电流的正、负半波不对称，电流中含有很大的二次和三次谐波电流分量。

8. 双母线接线的母差保护，采用点对点连接时，哪些信号采用点对点连接的 GOOSE 传输，哪些信息采用 GOOSE 组网传输？【中】

答：对于双母线接线的母线保护，如果采用点对点连接时，母差保护与每个间隔的智能终端有点对点物理连接通道（点对点 GOOSE 跳闸），因此跟间隔相关的开关量信息直接通过点对点连接的 GOOSE 传输，比如：线路/主变压器间隔的隔离开关、母联间隔的 TWJ/SHJ 等，而母差保护装置与线路保护装置、主变压器保护装置之间一般不设计点对点连接的物理通道，因此各间隔至母差保护的"启动失灵"通过 GOOSE 组网传输。

所有开关量信息均可通过 GOOSE 组网传输（所有信息均在网络上共享），为管理、运维以及可靠性的考虑，已经有链路连接的，直接走专有点对点通道，没有相互物理连接的，走网络通道。

9. 请以 PCS-915A-DA 保护为例说明，母线故障时如何进行故障母线选择。【中】

答：差动保护根据母线上所有连接元件电流采样值计算出大差电流，构成大差比例差动元件，作为差动保护的区内故障判别元件。

装置根据各连接元件的隔离开关位置开入计算出各条母线的小差电流，构成小差比率差动元件，作为故障母线选择元件。

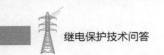

10. 请以 PCS-915A-DA 保护为例说明，在某一支路出隔离开关位置失去时，母线保护跳闸行为的变化。【中】

答：为防止无隔离开关位置的支路拒动，当无论哪条母线发生故障时，将切除有流且无隔离开关位置的支路。当隔离开关位置恢复正常后，隔离开关位置报警自动复归。

11. 请以 PCS-915A-DA 保护为例说明电源插件背板指示灯的含义。【易】

答：指示灯的含义如下表所示。

指示灯	颜色	描述
5V OK	绿色	点亮表示电源5V输出正常
ALM	黄色	点亮表示电源插件5V输出异常(如过压、欠压)
BO_ALM	红色	点亮表示装置报警
BO_FAIL	红色	点亮表示装置闭锁

12. 请以 PCS-915A-DA 保护为例说明，母联支路如何判断电流互感器断线，其断线后逻辑有何变化？【难】

答：大差电流小于电流互感器断线闭锁定值，两个小差电流均大于电流互感器断线闭锁定值时，延时 5s 报母联电流互感器断线。如果仅母联电流互感器断线不闭锁母差保护，此时发生母线区内故障后首先跳开断线母联，在母联断路器跳开 100ms 后，如果故障依然存在，则再跳开故障母线。当差流恢复正常后，电流互感器断线报警自动复归，母差保护恢复正常运行。

13. 请分析 220kV 母联断路器在分位时对母线保护大差的灵敏度的影响以及解决方法？【难】

答：如图所示，母联断路器分位时，大差继电器灵敏度将降低，为此大差继电器将设置高低两个比率制动系数，当母联断路器合位状态时使用高值，当母联断路器分位状态时使用低值。

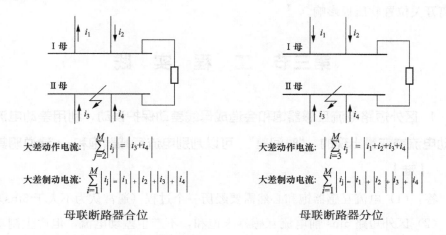

母联断路器合位　　　　　　　　　　母联断路器分位

14. 简述双母线接线方式下，合并单元故障或失电时，线路保护装置的处理方式。【中】

答：如果是电压互感器合并单元故障或失电，线路保护装置收电压采样无效，闭锁与电压相关的保护（如纵联和距离），如果是线路合并单元故障或失电，线路保护装置收线路电流采样无效，闭锁所有保护。

15. 请以 PCS-915A-DA 保护为例说明，在哪些情况下装置会发出隔离开关位置报警信号？【难】

答：在以下几种情况下装置会发出隔离开关位置报警信号：

（1）隔离开关位置出现双跨时，装置报母线互联运行。

（2）当某条支路有电流而无隔离开关位置时，装置能够记忆原来的隔离开关位置，并根据当前系统的电流分布情况校验该支路隔离开关位置的正确性。

（3）因隔离开关位置错误产生小差电流时，装置会根据当前系统的电流分布情况计算出该支路的正确隔离开关位置。

（4）因隔离开关位置由 GOOSE 网络获得，装置提供软压板用来强制隔离开关位置，当"支路××_强制使能"为 1 时，该支路的隔离开关由"支路××_1G强制合"及"支路××_2G 强制合"确定；当"支路××_强制使能"为 0 时，隔离开关位置由外部 GOOSE 开入确定。

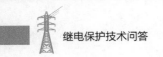

（5）当支路 SV 链路异常或 SV 链路退出时，强制隔离开关位置功能无效。

（6）隔离开关位置双位置报警信号由外部 GOOSE 开入确定，不受支路强制隔离开关位置软压板影响。

第三节　工　程　实　践

1. 区外短路电流互感器饱和会造成母线差动保护误动，利用差动电流和制动电流突变量出现的 "时间差" 可以判别电流互感器饱和。 请说明其道理。【难】

答：（1）电流互感器饱和必然需要经历一个过程（通常认为不大于 5ms）。

（2）区外短路 5ms 前电流互感器未饱和，不产生差动电流，但产生制动电流突变量，5ms 后再产生差动电流判电流互感器饱和。

（3）区内短路 5ms 前，差动电流和制动电流突变量同时产生。

2. "六统一" 母差保护母联充电到死区的逻辑是什么？【难】

答：母联充电至死区保护，其逻辑为：正常运行状态下，大差动作时，检测到最近 1s 之内有合母联操作，则闭锁母差保护，跳母联断路器。充电至死区保护最长投入 300ms，期间若检测到母联有电流，则立即退出并开放母差保护出口（由于电流互感器位于检修母线侧且母联有电流，表明故障点不在死区）。

3. 智能变电站母线保护在采样通信中断时， 是否应该闭锁母差保护？为什么？【中】

答：智能变电站母线保护在采样通信中断时，要闭锁。因为当采样通信中断后，母差保护采不到中断间隔的电流值，如果不闭锁，可能导致母差保护误动。母线电压采样中断，母差保护电压闭锁开放。

4. 为防止母差保护单一通道数据异常导致装置被闭锁， 母差保护按照光纤数据通道的异常状态有选择性地闭锁相应的保护元件， 简述具体处理原则。【中】

答：（1）采样数据无效时采样值不清零，仍显示无效的采样值。

（2）某段母线电压通道数据异常不闭锁保护，但开放该段母线电压闭锁。

（3）支路电流通道数据异常，闭锁差动保护及相应支路的失灵保护，其他支路的失灵保护不受影响。

（4）母联支路电流通道数据异常，闭锁母联保护，母联所连接的两条母线自动置互联。

5. 简述母差保护停用时的影响及处理方式。【中】

答：（1）对 3/2 接线方式，当任一母线的母差保护全部退出运行时，应将母线退出运行。

（2）双母线接线方式，母差因故停用，应尽量缩短母差停用的时间，不安排母线连接设备的检修，避免在母线上进行操作，减小母线故障的概率。

（3）根据当时的运行方式要求，临时将短时限的母联或分段断路器的过电流保护投入运行以快速地隔离故障。

（4）如果仍无法满足母线故障的稳定要求，可将母线上出线对侧保护对本母线故障有灵敏的后备保护时间缩短，无法整定配合时，允许无选择性跳闸。

6. 某双母线接线形式的变电站中，装设有母差保护和失灵保护，当一组母线电压互感器出现异常需要退出运行时，是否允许母线维持正常方式且将电压互感器二次并列运行？为什么？【中】

答：此时不允许母线维持正常方式且将电压互感器二次并列运行。此时应将母线倒为单母线方式，而不能维持母线方式不变，仅将电压互感器二次并列运行。因为如果一次母线为双母线方式，母联断路器为合入方式，单组电压互感器且电压互感器二次并列运行时，当无电压互感器母线上的线路故障且断路器失灵时，失灵保护首先断开母联断路器，此时，非故障母线的电压恢复，尽管故障元件依然还在母线上，但由于复合电压闭锁的作用，使得失灵保护无法动作出口。

7. 设双母线在两条母线上都装设有分差动保护，母线按固定连接方式运行如图所示，线路 L2 进行倒闸操作，在操作过程中隔离开关 P 已合上，将两条母线跨接，正在此时母线 I 发生故障，流入故障点的总短路电流为 I_f，假设有电流 I_x 经隔离开关 P 流入母线 I。试问此时流入母线 I 和母线 II 的分差动保护的差动电流各为多少？【中】

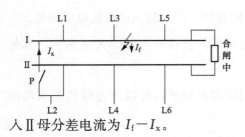

答：设只有 L2 线路为电源线，则有：

对于 Ⅰ 母分差：$I_f - I_x$；

对于 Ⅱ 母分差：I_x。

所以，流入 Ⅰ 母分差电流为 I_x，流入 Ⅱ 母分差电流为 $I_f - I_x$。

8. 某变电站 220kV 主接线为双母线形式，配有母联电流相位比较式母差保护和母线充电保护。当一条母线检修后恢复运行时，这两种保护应如何处理？为什么？【难】

答：投入母线充电保护，母联电流相位比较式母差保护可退出或投"选择"方式。因此时被充电母线发生故障时，如果母差保护投"非选择"方式，将使全站停电。

9. 某双母线接线形式的变电站中，装设有母差保护和失灵保护，当一组母线电压互感器出现异常需要退出运行时，是否允许母线维持正常方式且仅将电压互感器二次并列运行？为什么？【难】

答：不允许，此时应将母线倒为单母线方式或将母联断路器闭锁，而不能仅简单将电压互感器二次并列运行。因为如果一次母线为双母线方式且母联断路器能够正常跳开，使用单组电压互感器且电压互感器二次并列运行时，当无电压互感器母线上的线路故障且断路器失灵时，失灵保护将断开母联断路器，此时，非故障母线的电压恢复，尽管故障元件依然还在母线上，但由于复合电压闭锁的作用，将可能使得失灵保护无法动作出口。

10. 某智能变电站 220kV 母差保护配置按远期规划配置，现阶段只有部分间隔带电运行，现需新增一个间隔，请简述投入该间隔的过程。【难】

答：（1）退出相应差动、失灵保护功能软压板，投入检修压板（保护退出运行），并保证检修压板处于可靠合位，直到步骤（6）。

（2）投入该支路 SV 接收压板，在该支路合并单元加相应电流，核对母线保护装置显示的电流幅值和相位信息。

（3）需要开出传动本间隔操作箱，验证跳闸回路的正确性。

（4）投入该支路失灵接收软压板，核对 GOOSE 信息输入的正确性。

（5）在该支路做相应保护试验，验证逻辑以及回路的正确性（投上相应保护功能软压板）。

（6）验证结束后，修改相关定值，并将该支路相关的软压板按要求置合位，母差保护功能压板置合位，退出检修状态。

11. 某 500kV 变电站中， 220kV 为双母双分接线方式， 请以 PCS-915A-DA 保护为例， 说明母线保护配置方案及对各元件的电流互感器的极性要求。 【难】

答：双母双分段的母线保护由两套 PCS－915 来完成，每套装置的保护范围如图所示。如分段开关有两组电流互感器，则交叉分别接入两套装置，这时不存在分段死区问题；如果只有一组电流互感器，则存在分段死区问题。

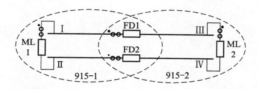

电流互感器极性要求：各支路电流互感器同名端在母线侧，母联电流互感器同名端在 Ⅰ 母侧，分段元件 FD1/FD2 接入 Ⅰ/Ⅱ 母线保护按照正极性接入，接入 Ⅲ/Ⅳ 母线保护按反极性接入。

12. 简述图中所示的电流互感器绕组配置存在的风险。 【中】

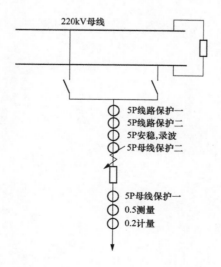

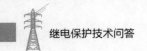
答：当母线保护一检修时，母线保护二的电流互感器绕组和开关之间发生故障，虽然线路保护动作，跳开线路开关，但故障点依然存在，只能靠同一母线所接线路的后备保护动作隔离故障。

第九章 故障分析

第一节 直流系统故障

1. 某变电站有两套相互独立的 220V 直流系统，当第一组直流的正极与第二组直流的负极之间发生短路时，站内的直流接地监视系统会出现什么现象？【中】

答：会出现两组直流系统同时发出接地告警信号。断开任意一组直流电源接地现象就会消失。第一组直流系统的正极与第二组直流系统的负极短接，两组直流短接后形成一个端电压为 440V 的电池组，中点对地电压为零；每一组直流系统的绝缘监察装置均有一个接地点，短接后直流系统中存在两个接地点；故一组直流系统的绝缘监察装置判断为正极接地；另一组直流系统的绝缘监察装置判断为负极接地。

2. 某变电站有两套相互独立的 220V 直流系统，同时出现了直流接地告警信号，其中，第一组直流电源为正极接地；第二组直流电源为负极接地。现场利用拉、合直流熔断器的方法检查直流接地情况时发现，当在断开某断路器（该断路器具有两组跳闸线圈）的任一控制电源时，两套直流电源系统的直流接地信号又同时消失，请问如何判断故障的大致位置，为什么？【中】

答：（1）因为任意断开一组直流电源接地现象消失，所以直流系统可能没有接地。

（2）故障原因为第一组直流系统的正极与第二组直流系统的负极短接或相反。

（3）两组直流短接后形成一个端电压为 440V 的电池组，中点对地电压为零。

（4）每一组直流系统的绝缘监察装置均有一个接地点，短接后直流系统中存在两个接地点，故一组直流系统的绝缘监察装置判断为正极接地，另一组直流系统的绝缘监察装置判断为负极接地。

3. 直流正、负极接地对运行有哪些危害？【易】

答：直流正极接地有造成保护误动的可能。因为一般跳闸线圈（如出口中间继电器线圈和跳合闸线圈等）均接负极电源，若此回路再发生接地或绝缘不良就会引起保护误动作。直流负极接地与正极接地同一道理，如回路中再有一点接地就可能造成保护拒绝动作（越级扩大事故）。因为两点接地将跳闸或合闸回路短路，这时还可能烧坏继电器触点。

4. 简述站用直流系统接地的危害。【易】

答：站用直流系统接地的危害有：

（1）直流系统两点接地有可能造成保护装置及二次回路误动。

（2）直流系统两点接地有可能使得保护装置及二次回路在系统发生故障时拒动。

（3）直流系统正、负极间短路有可能使得直流保险熔断。

（4）直流系统一点接地时，如交流系统也发生接地故障，则可能对保护装置形成干扰，严重时会导致保护装置误动作。

（5）对于某些动作电压较低的断路器，当其跳（合）闸线圈前一点接地时，有可能造成断路器误跳（合）闸。

5. 在图示的电路中 K 点发生了直流接地，试说明故障点排除之前如果接点 A 动作，会对继电器 ZJ2 产生什么影响？【难】

（注：图中 C 为抗干扰电容，可不考虑电容本身的耐压问题；ZJ2 为快速中间继电器）

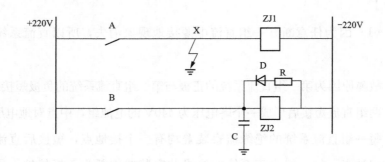

答：接点 A 动作之前，直流系统为负接地，直流系统的负极对地电位为 0V；正极对地电位为 220V，且电容 C 上的电位宜为 0V。

接点 A 动作之后，直流系统瞬间便转为正接地，正极对地电位由 220V 转为 0V；负极对地电位由 0V 转为 −220V。

由于抗干扰电容上的电位不能突变，因此在直流系统由正接地转为负接地之后，电容 C 上的电位不能马上转变为 −220V，并通过继电器 ZJ2 的线圈对负极放电。

继电器 ZJ2 为快速继电器，有可能在电容 C 的放电过程中动作。

第二节　故障波形识图基础

1. 请根据以下录波图，判断故障类型，并绘制出电流电压相量图。【中】

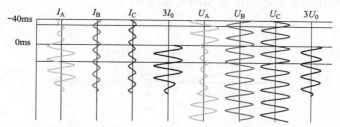

答：根据波形特点分析，有以下特点：

（1）A 相电流增大，A 相电压降低；出现零序电流、零序电压。

（2）电流增大、电压降低为同为 A 相。

（3）零序电流相位与故障相电流同向，零序电压与故障相电压反向。

（4）故障相电压超前故障相电流约 $80°$；零序电流超前零序电压约 $110°$。

因此该故障类型为 A 相单相接地故障，相量图如下图所示。

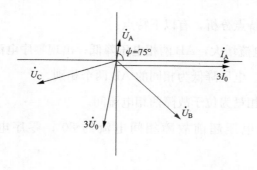

2. 请根据以下录波图，判断故障类型，并绘制出电流电压相量图。【中】

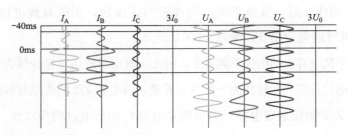

答：根据波形特点分析，有以下特点：

（1）AB 两相电流增大，AB 两相电压降低；没有零序电流、零序电压。

（2）电流增大、电压降低为相同的 AB 两个相别。

（3）两个故障相电流基本反向。

（4）故障相间电压超前故障相间电流约 80°。

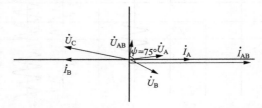

3. 请根据以下录波图，判断故障类型，并绘制出电流电压相量图。【中】

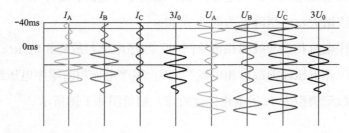

答：根据波形特点分析，有以下特点：

（1）AB 两相电流增大，AB 两相电压降低；出现零序电流、零序电压。

（2）电流增大、电压降低为相同的 AB 两个相别。

（3）零序电流相量为位于故障两相电流间。

（4）故障相间电压超前故障相间电流约 80°；零序电流超前零序电压约 110°。

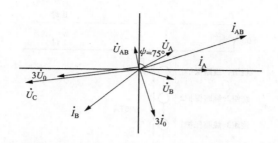

4. 请根据以下录波图，判断故障类型，并绘制出电流电压相量图。【中】

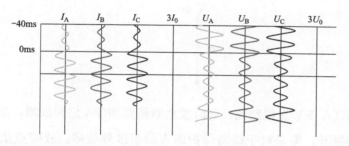

答：根据波形特点分析，有以下特点：

（1）三相电流增大，三相电压降低；没有零序电流、零序电压。

（2）故障相电压超前故障相电流约 80°左右；故障相间电压超前故障相间电流同样约 80°左右。

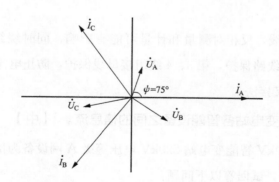

第三节 工 程 实 践

1. 某 220kV 线路断路器及电流互感器实际安装接线如图所示，试分析存在的问题，并加以改正。【中】

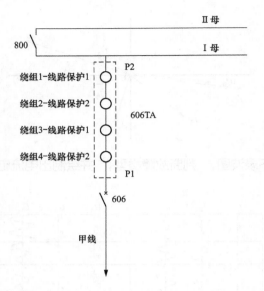

答：若 TA 安装在线路侧，此时发生断路器和 TA 之间故障，虽然母差保护能将断路器跳开，但是对于线路保护而言属于区外故障，故障点依然存在，此时应通过远方跳闸或其他保护停信将线路对侧断路器跳开切除故障。

若 TA 安装在母线侧，此时发生断路器和 TA 之间存在故障，虽然线路保护能将断路器跳开，但是对于母线保护而言属于区外故障，故障点依然存在，此时应通过失灵保护将母线其他断路器和线路对侧断路器跳开切除故障，时间较长。

P1 一般朝母线，反相对测量和计量可能有影响，同时绕组分配存在死区，应第 1、2 绕组接线路保护，第 3、4 绕组接母线保护，防止电流互感器内部故障的保护死区（交叉接法）。

2. 简述智能变电站各智能设备之间的信息流。【中】

以某典型 220kV 智能变电站 220kV 电压等级 A 网设备为例（见下图，仅列出本题相关设备），试回答以下问题：

（1）简述线路保护与智能终端之间的信息流。

（2）简述线路保护与母线保护之间的信息流。

（3）若线路保护装置检修，请简述该变电站如何隔离 220kV 线路保护装置与站内其余装置的 GOOSE 报文的有效通信。

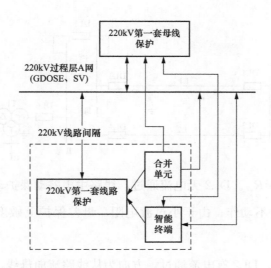

答：（1）线路保护与智能终端之间的信息流：

1）线路保护至智能终端：分相跳断路器、重合闸出口、闭锁重合闸（或永跳）。

2）智能终端至线路保护：断路器 A 相位置、断路器 B 相位置、断路器 C 相位置、压力低闭锁重合闸、其他保护动作闭锁重合闸、外部开入闭锁重合闸。

（2）线路保护与母线保护之间的信息流：

1）线路保护至母线保护：线路保护 A 相启动失灵、线路保护 B 相启动失灵、线路保护 C 相启动失灵。

2）母线至线路保护：母线保护动作远跳信号。

（3）线路保护装置检修时，线路保护与其他装置 GOOSE 报文通信隔离措施：

1）退出线路保护装置所有的"GOOSE 出口"软压板。

2）退出相应母线保护的"启动失灵 GOOSE 接收"软压板。

3）必要时可退出线路保护装置背后的 GOOSE 光纤。

4）投入线路保护"检修"硬压板。

3. 根据系统图和保护配置情况分析线路保护和母差保护动作行为。【难】

如图所示，220kV 系统仅一个电源点，线路 L1 配置了一套分相电流差动保护和一套纵联距离零序保护，所有开关均在合位时，同时发生 F1（出口）经 R_{g1} 和母线 F2 经 R_{g2} 小过渡电阻单相接地故障时，试分析 L1 线路保护和 Ⅰ、Ⅱ 母母差保护的动作行为，并说明其原因。

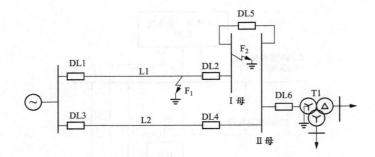

答：(1) $R_{g1}=R_{g2}$。DL2 无电流通过，线路主 I 差动保护动作；主 II 保护感知不到零序电流，不动作；由于小过渡电阻，母差保护灵敏度肯定足够，正确动作；

(2) $R_{g1}>R_{g2}$。DL2 有电流通过，方向为从线路流向母线。线路主 I 差动保护动作行为取决于两个过渡电阻导致的电流分配差异，若流经 DL2 的电流较大，可能差流不够无法动作；当两过渡电阻相差不大时，差流足够后，差动保护将能动作；主 II 由于是反方向，按照反方向优先，直接闭锁，因此主 II 不动作；母差保护正确动作。

(3) $R_{g1}<R_{g2}$。DL2 有电流通过，方向为从母线流向线路。线路主 I 差动保护差流应该足够，正确动作；主 II 保护动作行为距离元件由于是出口故障，应该够灵敏度；零序电流只要达到有流判据，因此应该也能正确动作。母差保护动作行为取决于两个过渡电阻导致的电流分配差异，若流经 DL2 的电流较大，保护可能不动作；若两过渡电阻相差不大时，母差保护将能动作。

4. 根据如图所示的 220kV 系统一次接线图分析保护动作行为，并分析故障点位置。【难】

(1) 乙站 I 母发生 A 相接地故障，母差保护正确动作，并跳开了所有应该跳开的断路器。此时，甲乙 I 回线甲侧的高频保护动作，A 相跳闸，重合成功，试分析甲乙 I 线高频保护动作的行为。

(2) 若甲乙 I 线两套高频保护因故停运，乙站 I 母发生 A 相永久接地故障，母差保护正确动作，跳开了所有应该跳开的断路器，甲乙 I 线接地距离 II 段正确动作，试分析故障点的位置。

(3) 当该系统中某处发生 A 相永久接地故障，甲乙 I 线高频保护正确动作，甲侧重合成功，乙侧开关未重合（两侧重合闸均投单重方式，乙侧重合闸装置及回路正确、开关正常），母差保护未动（正确），试分析故障点的位置及乙侧开关未重合的原因，故障最后靠什么保护切除。（电流互感器安装在开关的母线侧）

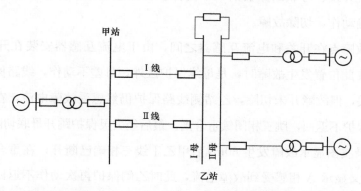

（4）该系统发生如图所示故障，甲乙Ⅰ线两侧高频保护正确动作，跳开两侧三相开关，甲乙Ⅰ线两侧重合闸均不重合（两侧重合闸均投三相重合闸方式，重合闸时间整定为1s，乙侧重合闸装置为检无压，甲侧为检同期），在大约180ms录波图显示又出现故障电流，持续时间大约330ms消失，母差保护未动（正确），失灵保护动作时间整定值为250ms。试分析故障录波图中显示的第二次故障的原因？故障靠什么保护来切除的？乙侧开关未重合的原因。（电流互感器安装在开关的线路侧）

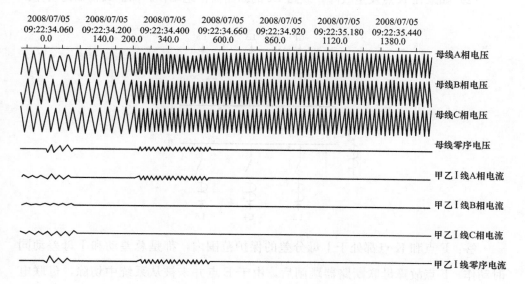

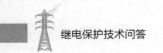

答：（1）母差保护跳闸停信，使对侧高频保护快速动作，因为故障点在母线上，所以母差动作跳开线、母联断路器后，故障消失，所以甲侧重合成功。

（2）电流互感器安装在开关的线路侧，故障点在开关和电流互感器之间，母差动作跳开线、母联断路器后，甲侧保护仍然感受到故障，甲乙Ⅰ线接地距离Ⅱ段正确动作，切除故障。

（3）故障点在开关和电流互感器之间，由于电流互感器安装在开关的母线侧，所以在此位置发生故障时，是母线保护区外，母差不动作，线路保护动作跳开两侧开关，但故障并未切除，乙站侧线路保护仍然感受故障电流，在单相重合闸周期内保护不返回，跳三相闭锁重合闸。最后经失灵保护跳开母联切除故障。

（4）录波图显示故障发生 60ms 后甲乙Ⅰ线三相确已断开，在重合闸合闸周期 1s 内，又显示 A 相感受到故障电流，此时乙侧保护再次动作不返回，所以乙侧重合闸被放电闭锁重合，甲侧检同期合闸无法重合。故障靠失灵保护切除，再次显示故障电流的原因是甲乙Ⅰ线乙侧 A 相开关断口击穿所致。

5. 分析双母线接线不同故障点下的保护动作情况。【难】

双母线的母线保护有总差动和分差动。运行中的接线和 TA 的位置如图所示。试问：

（1）如果在母联断路器和电流互感器之间的 F 点发生故障，保护将如何动作？

（2）如果在 K 点发生故障，线路 L1 的断路器拒绝动作。保护又将如何动作？

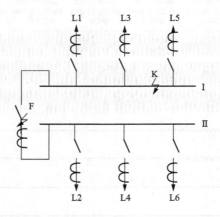

答：F 点和 K 点都处于Ⅰ母分差的保护范围内，都是总差动和Ⅰ母差动同时动作。F 点故障母联断路器跳闸后，由于 F 点并未被从系统中切除，母联电

流互感器有电流流过，总差动和Ⅱ母差动继续动作。K点故障线路L1的断路器拒绝动作，也出现相类似的情况，即总差动和Ⅰ母差动动作后，故障并未从系统中切除，总差动和Ⅰ母差动继续动作。为了区分这两种情况，可由母联电流互感器二次有无电流输出决定。若有电流输出就是F点故障或者是母联断路器拒动，应当切除Ⅱ母线。若无电流输出则是Ⅰ母引出的某一线路的断路器拒动，实际上如果线路有纵联保护，在Ⅰ母分差差动动作时就同时通过纵联保护向对侧发出允许信号，令线路对侧断路器跳闸。若线路没有纵联保护只能由线路对侧距离Ⅱ段起后备作用，延时切除故障。

6. 根据某热电厂接线图和保护动作情况，分析故障类型和故障点，并对保护动作行为进行评价。【难】

某大型热电厂220kV系统主接线及运行方式如图所示。

现象：运行中断路器B3、B2、B0、B4突然跳闸，接着B5、B6又先后跳闸，B1未跳而线路对侧断路器跳闸。

保护动作信号：Ⅰ母差动动作（中阻抗原理母差），2号机组零序电流Ⅰ段动作，3号机组间隙保护动作，线路L1对侧零序方向电流Ⅱ段动作。

初步检查结果：对220kV母线差动保护及2号、3号机组保护进行了试验检查，其结果是：装置良好、定值无误、回路良好。

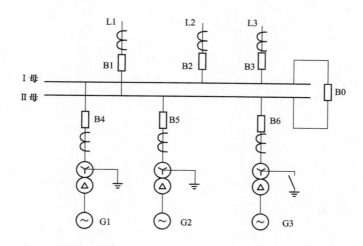

请分析：（1）是否有故障？

（2）请指出故障点的类型及故障点位置。

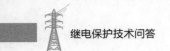

（3）对各保护的行为进行评价。

（4）请提出进一步处理的建议。

答：（1）有故障。

（2）故障点在母联断路器到母联电流互感器之间，接地故障。

（3）母差保护、2号变压器零序保护、3号变压器间隙保护、B1对侧零序方向电流Ⅱ段保护动作正确。母联失灵（或死区保护）拒动。

（4）检查母联失灵保护或死区保护拒动原因并进行处理。

附录 案例分析

【案例1】 某 500kV 变电站电流互感器电流回路两点接地造成线路保护区外故障误动分析

一、故障概况

1. 故障设备基本情况

500kV 凤凰线第一套线路保护 2008 年 2 月出厂，2008 年 4 月 28 日投运，上次全部检验时间 2017 年 9 月 23 日，检验结果无异常。2020 年 6 月，相邻 500kV 凤翔线扩建时，因 5022 开关（罐式断路器）电流互感器变比发生变化，基建单位对 5022 套管电流互感器及本体至汇控柜电流回路电缆进行更换，更换后验收正常，送电调试带负荷测试未见异常。2020 年 6 月 7 日凤凰线随相邻 500kV 凤翔线投运后，未再开展计划检修工作。

2. 故障前运行方式

跳闸前，5021、5022、5023 开关正常运行，500kV 凤凰线和 500kV 凤翔线同串运行。220kV、35kV、站用电及直流系统按正常方式运行。

3. 故障过程描述

2021 年 7 月 31 日 21 时 30 分，500kV 凤翔线双套保护动作，A 相跳闸，永久性接地故障重合不成功，5021、5022 开关三相跳闸，保护动作情况正确；故障同时，500kV 凤凰线仅第一套线路保护 CSC-103 装置 C 相分相差动保护动作，5023 开关 C 相跳闸后重合成功。

二、故障情况检查

1. 各保护动作报告

（1）凤凰线第一套保护 CSC-103C 动作报告如表 1 所示。

（2）凤凰线第二套保护 PSL-603UW 动作报告如表 2 所示。

表1　　　　　　　凤凰线第一套保护 CSC-103C 动作报告

序号	动作相	动作相对时间	动作元件
1	C	59ms	分相差动动作
故障测距结果		106.5km	
故障相别		C	
故障相电流值		0.2695A	
故障差动电流		0.027A	

注　保护启动时间：21：30：52：290。

表2　　　　　　　凤凰线第二套保护 PSL-603UW 动作报告

序号	动作相	动作相对时间	动作元件
1		0ms	保护启动
2		6024ms	整组复归

注　保护启动时间：21：30：52：286。

（3）5022 断路器保护 PSL-632UA-G 动作报告如表3所示。

表3　　　　　　　5022 断路器保护 PSL-632UA-G 动作报告

序号	动作相对时间	动作元件	跳闸相别
1	0ms	保护启动	
2	19ms	失灵重跳 A 相	A
3	76ms	综重合闸启动	
	892ms	失灵重跳 C 相	C
4	954ms	综重合闸整组复归	
		失灵重跳 B 相	B

注　保护启动时间：21：30：52：309。

（4）5023 断路器保护 PSL-632UA-G 动作报告如表4所示。

表4　　　　　　　5023 断路器保护 PSL-632UA-G 动作报告

序号	动作相对时间	动作元件	跳闸相别
1	0ms	保护启动	
2	77ms	失灵重跳 C 相	C
		综重合闸启动	
3	912ms	综重合闸出口	
4	1076ms	综重合闸整组复归	

注　保护启动时间：21：30：52：309。

2. 各保护屏（含操作箱）信号

（1）5022 开关 FCX-22HP 操作箱：一组跳 A、跳 B、跳 C、二组跳 A、跳

B、跳 C 灯亮，重合闸灯不亮。

5023 开关 FCX-22HP 操作箱：一组跳 C、二组跳 C 灯亮，重合闸灯亮，合 A、合 B、合 C 灯亮。

（2）凤凰线第一套 CSC-103C 保护装置：保护跳闸灯亮。

（3）凤凰线第二套 PSL-603UW 保护装置：保护跳闸灯不亮。

3. 现场检查情况

5022 开关三相分位，5023 开关三相合位。

4. 故障录波图

500kV 凤凰线第一套线路保护 CSC-103C 故障录波图如图 1 所示。

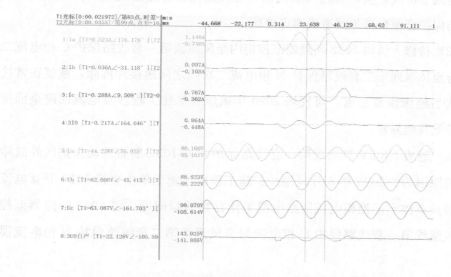

图 1　500kV 凤凰线第一套线路保护 CSC-103C 故障录波图

三、 故障原因分析

500kV 凤凰线第一套线路保护 CSC-103C 装置 C 相分相差动保护动作，故障录波显示区外 A 相故障时同时 C 相也有较大二次电流，但 C 相电压基本未发生变化。第二套线路保护 PSL-603U 线路保护仅有相邻凤翔线 A 相故障造成的电流突变量启动，保护未动作。结合上述情况初步判断获塔线第一套线路在区外凤翔线线路接地故障时发生保护误动。5022 开关 TA 接入 500kV 凤凰线第一套线路保护 C 相电流回路可能存在两点接地情况。

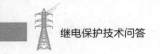

四、 故障处理及防范措施

1. 故障处理情况

（1）为进一步确认 5022 开关 TA 接入 500kV 凤凰线第一套线路保护 C 相电流回路是否存在异常，退出凤凰线第一套线路保护 CSC-103C 后，检修人员对该回路开展绝缘测试。拆除凤凰线第一套线路保护屏内合流处接地线，绝缘检查发现 5022 罐式断路器本体机构箱至凤凰线第一套线路保护 C 相电流回路电缆绝缘不足 0.1MΩ，初步判断电流回路存在两点接地。进一步检查 5022 断路器汇控柜，发现至凤凰线第一套线路保护 C 相电流二次线与至凤凰线第二套线路保护 N 相电流二次线短接，通过凤凰线第一套线路保护合流处接地线和凤凰线第二套线路保护合流处接地线造成两点接地。

（2）检修人员将 5022 断路器汇控柜内至凤凰线第一套线路保护 C 相电流二次线与至凤凰线第二套线路保护 N 相电流二次线之间短接片拆除，恢复正常接线方式后绝缘恢复正常。对现场 2020 年凤凰变基建工程涉及电流回路全面排查，未见其他异常。

（3）造成 500kV 凤凰线第一套线路保护 CSC-103C 装置差动保护区外故障动作的原因为：2020 年 6 月凤翔线扩建工程中，施工单位更换 5022 套管电流互感器及本体至汇控柜电流回路电缆工作存在质量问题，将 5022 断路器汇控柜至凤凰线第一套线路保护 C 相电流与至凤凰线第二套线路保护 N 相电流误短接。

1）正常运行时，因 5022 负荷长期较小，且两个接地点在相邻屏柜（第一套线路保护合流接地，第二套线路保护合流接地），电流互感器二次电流回路两点接地间的分流较小，对第一套线路保护装置采样影响较小，保护装置未见异常。误短接对第二套线路保护采样无影响，不影响保护运行。

2）凤翔线 A 相故障时，故障电流流入主接地网，电流互感器二次电流回路两点接地间产生电位差及一次接地故障电流产生的电磁感应电流造成接地点间产生较大的二次环流，该环流流入凤凰线第一套线路保护装置 C 相采样回路，造成差流超过分相电流差动定值差动保护误动。故障时两点接地电流示意图如图 2 所示。

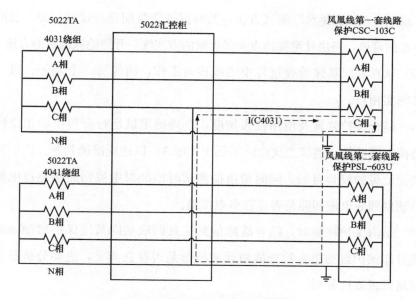

图 2　故障时两点接地电流示意图

2. 防范措施

电流互感器二次回路接线的正确与否，对保护、测量、计量、监控、录波、测距等装置的正常工作都有重要影响，是能否保障变电站电力设备安全稳定运行的关键环节。尤其对于基建技改工程而言，这点显得更加重要。事实表明，在变电站新建、改扩建投运时，带负荷测试中发现电流互感器二次回路存在接线错误的情况时有发生。鉴于此种情况，根据电流互感器二次回路接线方式和规程要求，在施工现场寻找电流互感器二次回路接线错误原因，制订相应对策，确保 TA 二次回路接线正确。

（1）基建项目验收严格按照《国家电网有限公司十八项重大电网反事故措施（2018 年修订版）》和国网（运检/3）827-2017《国家电网公司变电验收管理规定（试行）》的要求执行。基建调试应严格按照规程规定执行，不得为赶工期减少调试项目，降低调试质量。杜绝基建施工未完成就进场开始验收，应保证合理的设备验收时间，确保验收质量。严格执行三级验收规定，确保施工单位自验收及监理验收完成后开展公司验收，尊重现场专业人员验收意见，对验收时间无法保证的，建议不予配合申报试运行停电计划。

（2）规范基建验收电流回路绝缘检查工作，采用"拆除一绕组电流回路接地，

开展一绕组电流回路绝缘"测试方法，及时发现绕组间存在迂回回路，及时发现回路存在的隐患，坚决杜绝接地点全部拆除的方式统一开展绝缘测试的方法。

（3）认真开展基建验收过程中图纸核对工作，确保每一个端子、每一条电缆线芯图实相符。

（4）结合保护装置及使用仪表精度，合理确定试运行带负荷测相位所要求二次负荷电流数值，建议二次电流不低于 50mA，以达到准确判断二次回路是否存在其他隐患的校验目的，同时带负荷测试时增加对电流回路接地点电流大小测试以辅助判断电流回路是否存在多点接地。

（5）站内保护跳闸时，结合故障信息主站调取站内其他保护启动录波电子文件或打印保护启动报告检查故障录波波形是否存在异常，进而分析是否存在二次回路隐患进行分析。

【案例 2】 500kV 变电站因交流串入直流系统造成 500kV 断路器跳闸案例分析

一、 故障情况

1. 故障设备基本情况

500kV 断路器型式为罐式断路器，2008 年 4 月 1 日生产，2008 年 5 月 15 日投入运行。

500kV 断路器保护装置 2008 年 3 月出厂，2008 年 5 月 15 日投运，上次检验时间 2015 年 4 月 3 日，检验结果正常。

2. 故障前运行方式

跳闸前，500kV 变电站系统运行方式为 500kV 1 号主变压器、2 号主变压器、5012、5021、5031、5032、5041、5042、5051、5052、5062 开关运行，5013、5022、5023、5033、5043、5053、5063 开关及 500kV 1 线停电转检修。220kV、35kV、站用电及直流系统按正常方式运行。变电站 500kV 一次系统如图 3 所示。

跳闸时，某工程有限公司正在站内开展 5023 套管电流互感器及套管接线端子更换等基建工作，现场无其他设备检修工作。

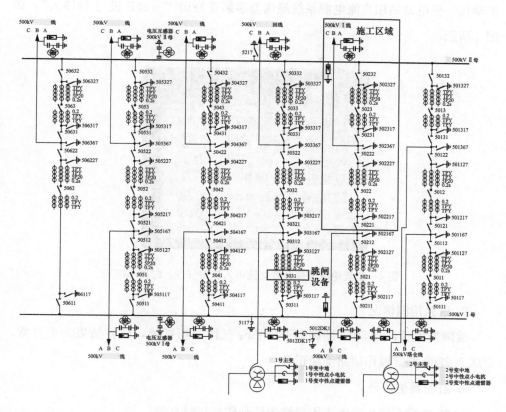

图 3　变电站 500kV 侧一次系统图

3. 故障过程描述

2020 年 4 月 12 日 8：50：03，500kV 变电站 5031 断路器跳闸。经调查，初步判断施工单位在站内开展 5023 套管电流互感器及套管接线端子更换等基建工作期间，现场技术人员在进行 5023 断路器投运前检查时，误碰交直流线，造成交流串入直流回路，引起 5023 断路器跳闸。

二、 故障情况检查

1. 现场检查情况

设备跳闸后，检修人员对 5023 断路器进行检查，断路器三相指示分闸状态，SF$_6$ 气体压力正常，机构油位正常，机构箱密封良好，断路器本体及机构外观未见异常。

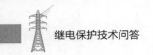

现场检查5023断路器保护屏操作继电器箱第一组跳闸灯亮、全站无任何保护动作、变电站站用直流电源系统绝缘监察装置报出"一母正极 工频串入",如图4所示。

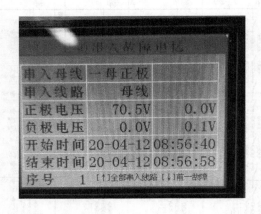

图4 直流绝缘监察装置交流串入告警（注：时钟不准）

2. 试验检测情况

故障发生后，对5023断路器开展SF_6气体分析试验，试验结果未见异常，测试5023断路器操作回路绝缘正常。

3. 监控系统信号

8：05监控系统报直流Ⅰ段母线告警动作，短时复归。

8：16监控系统再次报直流Ⅰ段母线告警动作，短时复归。

8：50一段直流绝缘监察装置报交流串入。

8：50第三串5023断路器第一组跳闸。现场检查5023断路器三相跳闸，断路器保护屏分相操作箱第一组出口跳闸灯跳AⅠ、跳BⅠ、跳CⅠ红灯亮。

4. 保护动作情况

现场检查故障录波电压、电流无变化。1号主变压器保护、500kV母线保护、5031断路器保护均未动作。

三、 故障原因分析

经调查，5023断路器跳闸时，某公司正在开展5023套管电流互感器及套管接线端子更换等基建工作，现场无其他检修工作。此事件的直接原因是某公司未经许可，擅自变更现场技术人员，在进行5023断路器投运前检查时，误造成

5023 断路器跳闸。

经二次综合判断，5023 断路器跳闸原因为交流电窜入直流二次回路，且该断路器跳闸回路控制电缆较长，分布电容较大，驱动跳闸回路 TJR 永跳继电器动作，造成断路器跳闸。具体分析如下：

（1）跳闸时站内无任何保护动作、无其他开关分闸，排除 1 号主变压器保护或 500kVⅠ母母线保护跳开开关。

（2）跳闸时直流绝缘监察装置记录到交流窜入站用直流一段异常。

（3）5023 断路器操作继电器箱仅第一组跳闸灯亮，该组跳闸回路接入站用直流一段。

（4）5023 为 1 号主变压器高压侧断路器，有自主变压器小室来约 200m、500kV 区最长的控制电缆电缆，分布电容相对较大。

交流电经控制电缆分布电容引起 TJR 跳闸继电器动作原理如图 5 所示。

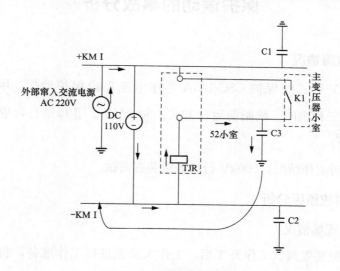

图 5　交流串直流原理图

C3—1 号主变压器第一套保护跳 5023 断路器控制电缆对地分布电容的等效；K1—1 号主变压器第一套主变压器保护跳 5031 断路器接点；TJR—5023 断路器保护屏操作箱永跳继电器；AC—窜入直流系统的等效电源；C1、C2—直流系统正负极对地分布电容的等效

注：两小室间电缆长度约 200m。

正常情况下，不存在交流电源 AC，仅主变压器保护动作、K1 接点闭合后，TJR 继电器动作。交流窜入直流二次回路后，经分布电容 C3 产生交流电

流流过 TJR 继电器，达到该继电器动作功率后，驱动该继电器动作，造成断路器跳闸。

四、 故障防范措施

（1）交流电压窜入直流回路引发开关跳闸事故的主要原因是跳闸回路电缆的长度较大和跳闸继电器的动作功率较小。在中间开关跳闸回路中加装了大功率重动继电器，由大功率重动继电器的动合触点控制跳闸继电器的动作，能够提高继电器交流电压的动作门槛，进而防止了跳闸继电器的误动。

（2）在变电站运行、维护中，可针对跳闸继电器做好防误碰措施（如加装防误碰罩等），防止跳闸继电器启动端接地或串入交流电源情况发生。

【案例 3】 一起因电流回路未做有效隔离造成保护误动的事故分析

一、 故障情况

某 500kV 甲乙线保护 CSC-103A 零序电流 Ⅳ 段保护动作，甲乙线 5021、5022 断路器三相跳闸。跳闸前运行方式：500kV Ⅰ、Ⅱ 母运行，甲乙线 Ⅰ、Ⅱ 回线并列运行。

跳闸当时工作情况：500kV 行波测距装置调试。

二、 事故原因分析

1. 工作现场情况

行波测距装置调试工作开工后，工作人员先进行工作准备，将保护测试仪取出进行接线。连接测试仪电源线、数据线、接地线，用短接线将行波测距屏端子排上甲乙线电流回路从端子排外侧封口，并打开 A4062、B4062、C4062 端子连接片（见图 6）。将测试仪电流输出线接至端子排内侧，进行保护测试仪开、关机操作，检查测试仪状况。

此时，运行人员告知甲乙线断路器跳闸。保护人员停止工作，撤离工作现场。

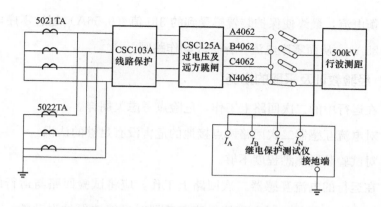

图6　相关电流互感器二次回路及试验接线图

注：该测试仪 IN 端与其接地端是连通的。

2. 检查过程

保护班人员进行检查，模拟当时的情况，将测试仪接地线、电源线接好，将保护测试仪电流输出线排接至端子内侧，检查 CSC-103A 保护与 CSC-125A 失灵启动装置 3I0 采样值均为 0.17A（此时测试仪未开机），将测试仪电流输出线从端子排断开后两装置 3I0 采样变为 0。发现此情况后，开始查找原因。经测量测试仪电流输出"I"端子与测试仪接地端子间电阻为 0，直接连通。测试仪开机后两装置 3I0 采样又有所增大，可达 0.22A。

18:00～20:00，晚高峰负荷时，再次对装置进行进一步检查时发现，在测试仪不开机的情况下，只要将测试仪接地端接地，保护装置 3I0 采样值又有所增大，3I0 电流为 0.25～0.36A，在保护装置频繁启动时，观察 3I0 采样值（CSC-103A 保护与 CSC-125A 过电压及远跳装置），在 0.23～0.36A 之间变化，模拟 8 次测试仪接地，有 6 次保护装置零序Ⅳ段均出口跳闸。

3. 跳闸原因分析

站内有 500kV 线路行波测距装置调试工作，调试工作开工后，在进行工作准备过程中，工作人员先执行二次安措，用短接线将行波测距屏端子排上甲乙线电流回路从端子排外侧封口，打开 A4062、B4062、C4062 端子连片，但未将 N4062 断开，测试仪电流输出公共端"In"端与电流回路接地点连通（电流互感器接地点在设备区端子箱内，距主控室约 300m 左右），使运行装置的电流回路出现两点接地，由于户内外的地电位差，造成零回路电流增大，叠加线路运行

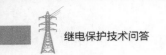

时的不平衡电流，最终使保护装置感受到的 3I0 值（0.56A）超过零序电流Ⅳ段定值（0.25A），从而零序电流Ⅳ保护段动作跳闸。

三、 经验教训及采取的措施

（1）在运行中的二次回路上工作，危险点考虑欠周详。

（2）对电流互感器二次回路两点接地的危害没有足够的认识。

（3）对试验装置熟悉程度不够。

（4）在运行的电流互感器二次回路上工作，应将试验回路与运行的电流互感器二次回路完全断开。对在短接电流互感器时可能造保护误动的，有必要时应临时退出相关保护，再进行工作。

（5）运行人员应熟悉基本的电压电流二次回路，对检修人员做的安措应能判断是否正确，必要时应与保护人员共同确认与运行回路确已隔离。

【案例 4】　慧南 220 测控接收慧南 220A 套合并单元 SV 断链缺陷处理

一、 缺陷概况

2021 年 12 月 2 日 10：01，慧南站后台报出"慧南 220 测控接收慧南 220 A 套合并单元 SV 断链"，无法复归，遥测数据为零，不刷新。

2013 年投运以来，慧南 220 测控装置、合并单元至今已运行 9 年，发生异常前，该型号测控装置和合并单元未发生断链情况。异常发生前站内天气良好，无现场工作。慧南 220 运行于 220kV Ⅰ母，该间隔光字无异常，无异常报文。

二、 检查处理情况

缺陷发生后，运维人员应检查监控后台机光字和报文显示情况：

（1）检查测控装置告警灯是否点亮，进入面板检查否有 GOOSE 总告警报文、开入信息和采样信息等。

（2）检查本套合并单元异常情况，相关保护装置的面板灯和报文情况。

（3）检查间隔内过程层交换机上对应的指示灯是否正常，上述检查后及时拍照。

根据现场状况判断设备故障影响程度：该缺陷仅涉及测控装置和 A 套合并单元之间 SV 链路，测控未出现接收其他设备的 SV、GOOSE 链路异常或中断，与 A 套合并单元相关的保护、录波等正常，该缺陷不影响保护正常运行，仅影响遥测数据。初步判断问题出现在两者之间的某个环节，比如过程层交换机、尾纤（包括法兰）等。

三、 回路原理

鉴于智能站，测控采样方式为网采，基本链路如图 7 所示。

图 7 链路基本示意图

四、 缺陷处理过程

先到 220kV 母联分段测控屏，核实慧南 220 测控装置（见图 8）断链情况，并查找相应的过程层交换机，通过图纸核实，在 220kV 惠南 220 断路器保护屏查找到交换机（见图 9）。

图 8 220kV 母联分段测控屏

图 9 220kV 慧南 220 断路器保护屏

慧南 220kV 过程层交换机布置如图 10 所示，其右侧不同光口的闪烁（见图 11）代表屏柜后有不同光口在发送和接收信息，可以绕至屏柜后侧对比确认。

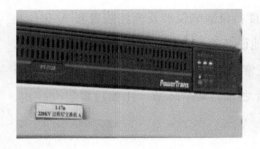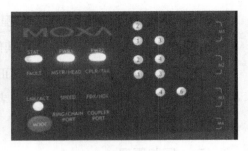

图 10　慧南 220kV 过程层交换机 1　　　　图 11　慧南 220 过程层交换机 2

　　220kV 慧南 220 断路器保护屏后侧门上贴有光纤链路表（见图 12），显示每个光口的作用。例如光口 1-4 的作用设备是合并单元 A SV，指室外的合并单元 A 接入交换机 1-4 的位置。

　　交换机不同光口上标注了数字（见图 13），若该光口上连接有线，且线正常工作的情况下，屏柜正面对应数字的光口会闪烁。此时发现光口 1-4 在连接有线的情况下，屏柜正面光口 1-4 没有闪烁，则该光口可能出现了问题。

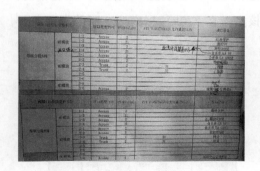

图 12　光纤链路表　　　　　　　　图 13　交换机光口接线

　　首先将光口 1-4 连线拆开，然后使用 DM5000E 手持式数字测试仪对合并单元 A SV 传输数据线和光口 1-4 抓包，观察是否能收到数据。若合并单元 A SV 发送数据正常，而光口 1-4 抓包不到数据，则证明光口 1-4 已损坏，考虑更换一个光口使用。选择一个备用光口 M 3-4，由于此光口是 SV 组网，需要划分 VLAN。

　　划分 VLAN 的方法操作如下。在交换机上任意选择一个网口，使用网线连接电脑与交换机。根据厂家提供的 IP 地址，修改电脑 IP。修改电脑 IP 地址的方法如下：桌面右下角［网络和 Internet］—［更改适配器选项］—选择已连接的网络右键点击［属性］—［Internet 协议版本 4］—［属性］—［使用下面的 IP 地址］，输入从厂家获得的 IP 地址（见图 14）。

从电脑浏览器中进入从厂家获得的网址 IP（见图 15），用户名为 admin，密码为空。进入后依次选择（virtual LAN）—［VLAN Setting］。可看到右侧界面（见图 16）显示光口 1-4 的 PVID 为 34，现在需要将其换为光口 3-4。找到光口 3-4，将其参数设置修改为与 Port 1-4 完全一致（见图 17）。则此时光口 3-4 与光口 1-4 的功能一模一样。最后点击激活［Activate］。

图 14　IP 设置

图 15　登录交换机网址

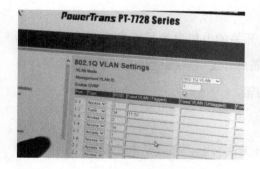

图 16　VLAN 设置

图 17　端口激活

至此，将合并单元 A SV 的数据线连接至光口 3-4，观察屏柜正面光口 3-4 正常闪烁，SV 断链的告警消失，同时，在屏柜后侧门上的链路表上做好标记，记录光口 1-4 已损坏，光口 1-4 上光纤改接至光口 3-4。或者直接在设备光口 1-4 的位置上标记已损坏，在改接的光纤上标记更改情况，以方便后续工作。

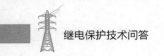

五、 总结提升

交换机作为智能变电站中网络通信的重要承载设备，其性能、功能关系到站内信息可靠交互、设备正常运行。该站已经运行 8 年以上，部分过程层交换机难免出现一些问题，比如光口损坏。过程层交换机主要用于保护装置之间的信息交换（启失灵、闭重）、合并单元/智能终端与测控或故障录波之间的通信，当异常或故障时，将会造成链路中断，所以在日常巡视工作中，应注重加强过程层交换机工作情况，发现异常，应立即检查，无法复归时，及时联系检修人员进行处理。

【案例 5】　某 500kV 变电站隔离开关电机电源电缆绝缘问题的分析

一、 问题说明

2020 年 6 月 3 日，某 500kV 变电站某 500kV 线停电操作过程中，50321 隔离开关无法遥控分闸，经现场检查，隔离开关电机电源空气开关无法合上。在随后的操作中，503317 C 相接地开关无法遥控合闸，经电位测量，C 相接地开关机构箱处电机电源 A 相无电压。

该变电站 500kV 区隔离开关及接地开关的电机电源接线方式为：首先从断路器端子箱的三相交流电源空开处接入隔离开关（或接地开关）B 相机构箱，再由 B 相机构箱分别接入 A 相和 C 相机构箱。

二、 问题处理

首先，50321 隔离开关电机电源空开无法合上，怀疑是电缆绝缘出现问题导致短路，首先对 50321 隔离开关电源空气开关至 50321 B 相机构箱之间进行绝缘检查，电缆绝缘为 0.01MΩ，远低于正常值（≥10MΩ），对此段电缆进行更换后（绝缘为 3GΩ），空气开关仍然无法合上。继续对 B 相机构箱至 A 相机构箱、B 相机构箱至 C 相机构箱之间的电缆进行绝缘检查，发现 B 相机构箱至 C 相机构箱绝缘为 0.01MΩ，再次更换此段电缆后（绝缘为 2GΩ），电机电源空开可以合上，后台也能够正常遥控分闸。

接下来对 503317 C 相接地开关无法遥控合闸进行检查，进行电位测量后发现，503317 C 相机构箱中的 A 相交流电压为 0，B、C 相交流电压均为正常的 220V，怀疑 B 相机构箱至 C 相机构箱中的电缆发生断线，导致交流电源出现问题，校线后发现电缆确实存在断线，更换此段电缆后，后台能够正常遥控合闸 C 相。

三、 问题分析及建议

对更换下来的电缆进行检查，发现均有明显的破损处（见图 18），因此采用摇绝缘的方式对本次三条停电线路的电机电源所用电缆进行排查，发现 5021、5022、5023、5031、5032 所属隔离开关及接地开关的绝缘电阻均不大于 0.4MΩ，如果绝缘继续降低，可导致电机电源空开无法合上，进而无法进行遥控分合闸。

此次停电期间更换电缆 12 根，10 人分两组同时开工共用时 6 天，工作量主要在电缆沟道开挖。全站 500kV 区有隔离开关和接地隔离开关 58 组，需排查电缆为 174 根，已更换 12 根，剩余 162 根待排查整改，10 人分两组同时开工共需用时 81 天（未考虑下雨等恶劣天气）。更换此类电缆不需要一次设备停电，建议对全站范围的此类电缆进行排查，设立专项整治。

四、 防范措施及整改建议

经检查，更换下来的电缆均存在老旧伤口，多是由于电缆经套管转弯敷设时擦伤，建议采取如下防范措施：

图 18　电缆破损情况照片

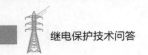

（1）加强基建施工标准化工艺应用。电缆经套管转弯敷设时采取保护措施防止擦伤。

（2）按照定检周期对相关回路做绝缘测试。电缆敷设完毕后进行绝缘测试，以后每逢定检时进行绝缘测试。

（3）站内安装隔离带等施工时避免伤到电缆。

（4）加强对端子箱内空开的巡视，发现异常及时处理。

【案例6】 某500kV变电站Ⅱ段直流充电屏高频模块烧损案例分析报告

一、问题描述

2020年9月10日晚10：09某变电站Ⅱ段直流充电屏7号模块在运行中故障，造成直流屏交流侧进线塑壳断路器跳闸，低压柜交流出线跳闸。9月11日检修人员与厂家技术人员到站检查，根据现场运行人员沟通、通过查看现场记录以及对故障模块的测试与分析，对该次故障全面检查后，分析如下。

Ⅱ段直流充电屏7号模块故障，模块端子烧毁，连接端子处的电路板因发热出现碳化现象，模块整机损坏严重，前面板、后机壳被黑烟熏黑（见图19）。

图19 故障充电屏模块短路后现场照片

7号故障模块拆开后发现模块端子发热损毁；输入保险炸裂，本体严重损毁，整个模块内部所有角落均被熏黑；交流输入三个保险均已经断开，其中两个崩裂，一个金属腿熔断。输入端子烧毁严重，其中交流输入端有两位端子焊接部分烧尽，直流输出端子全部烧尽；测试功率器件，其中一个半桥上下桥臂直通，其余的整流二极管和 MOS 均正常。模块内部检查照片详见图 20。

图 20 故障模块短路后现场照片

二、处理情况

1. 现场处理情况

厂家技术人员对损毁接线重新配线并对故障充电模块进行更换，对直流系统两段充电屏二次回路检查无异常后，并经现场绝缘测试数值合格，恢复至正常运行方式，缺陷消除。

2. 返厂检测情况

检修人员会同厂家技术人员对故障模块进行了系统测试，在模拟电池核容充电试验中发现，充电模块在以大电流给蓄电池充电过程中存在充电电流振荡问题，其原因为原 KE220D30 型模块电流环控制参数在大电流段和大容量的蓄电池组不匹配（容量大电池等效内阻低），电流环 PID 控制器出现振荡，且持续过程直到充电电流降低，振荡方能解除。振荡一旦发生，会对全桥的功率器件以及磁性元件造成冲击，引起器件损坏或者损伤。Ⅱ段充电机屏 7 号模块经初步判断：在之前的核容性充放电过程中已经出现元器件损伤，在运行过程中损伤加剧导致整体元件损坏。7 号模块的 MOS 管失效引起内部桥臂直通，形成内部短路。

3. 高频充电模块工作原理

充电模块的工作原理为输入交流电网侧 380V 交流电经滤波、整流和逆变后输出稳定的直流电提供直流母线电压，以保证二次控制、信号、保护等使用及给蓄电池组提供日常浮充、均充电压。高频充电模块工作原理详见图 21。

充电模块主要包括以下元器件：

（1）输入滤波器：其作用是将电网存在的杂波过滤掉，同时也防止本机产生的杂波反馈到公共电网。

（2）整流与滤波：将电网交流电源直接整流为较平滑的直流电，以供下一级变换。

（3）逆变：将整流后的直流电变为高频交流电，这是高频开关电源的核心部分，频率越高，体积、重量与输出功率之比越小。

（4）输出整流与滤波：根据负载需要，提供稳定可靠的直流工作电源。

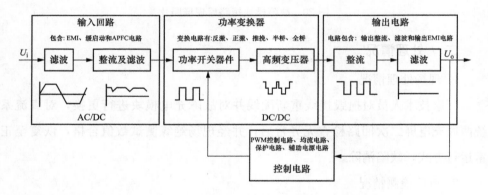

图 21　充电模块原理示意图

三、　原因分析

1. 事故直接原因

导致本次故障的直接原因有以下三点：

（1）经测试型号为 KE220D30 的充电机模块电流环软件控制参数在蓄电池组深度核容工况下存在重大设计缺陷。

（2）模块发生主控开关管损坏，输入电流过大，因模块未单独设置交流输入空气开关，导致模块不能快速脱离输入交流电源侧，随着模块内部故障扩大，对自身交流输入端端子造成一定烧毁，形成短路，导致直流系统输入交流电源侧产生过流，交流输入进线开关跳闸。

（3）系统短路容量较大，模块短路瞬间引起保险崩裂，飞溅的金属导电物在交流电源输入侧引起电网短路，短路点有高温导电金属蒸汽持续燃烧，直到交流侧断电放电过程停止。高温导电气体同时把直流输出端的正负短路，电池侧能量反灌，在直流侧形成持续燃烧，输出整流的散热器气化提供了导电介质，增加了燃烧的持续时间，直流侧端子烧尽后放电过程停止；因短路导致交流电源侧跳闸，造成低压柜交流出线跳闸。故障模块内部燃烧情况示意图详见图22。

图22　故障模块燃烧集中区域

2. 事故扩大原因

（1）充电模块元器件的质量不高。不合格的元器件会影响了设备整体性能，频繁的故障严重降低了设备可靠性和可用率。生产厂家出厂前对直流电源系统设备内的装置和元器件未进行严格筛选和试验，应对产品的整体质量承担责任。

（2）充电模块输入侧未配置独立交流空气开关。充电机各充电模块输入侧未配置单独交流空气开关，造成在充电机模块自身故障时了扩大事故范围。短路点有高温导电金属蒸汽持续燃烧，直至交流侧总电源断电后才迫使放电过程停止。

四、 防范措施

本次发生模块故障现象，造成直流系统交流侧进线开关跳闸，Ⅱ段充电机被迫停运，对直流系统的正常运行带来重大隐患。

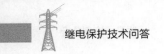

针对本次发生模块烧损，交流侧进线开关跳闸的问题，采取以下防范措施：

（1）更换本站所有型号为 KE220D30 充电机高频模块，将其更换230D30NZ-3 型运行经验丰富，质量稳定的充电模块。

（2）充电机模块输入侧增加空开型号为 CH1-63C 3P 25A（电流按照额定输入 1.3 倍选取）的独立空气开关，保证异常情况下故障模块能快速安全退出，满足《国家电网有限公司十八项电网重大反事故措施修订版》相关规定，即"直流高频模块和通信电源模块应加装独立进线断路器的要求，防止因充电机模块自身故障，扩大事故范围"。

（3）全面开展变电站同厂家直流系统排查，重点检查高频充电模块是否加装独立进线断路器及空开极差配合是否合理。对未加装独立进线空气开关的，尽快安排整改。截至 2020 年，公司已完成不满足要求变电站整改。

（4）规范直流系统定值整定原则，严格执行编审批流程，确保直流系统定值正确规范，参数设置科学合理。

（5）加强核容性充放电工作巡视，密切观察充电机、蓄电池组工作状态和相关参数的变化。特别是首次利用充电机对蓄电池进行大电流充放电时按时间节点做好设备状态核查和数据记录，关注并联运行的充电模块的输出均流平衡性。

（6）做好交直流设备运行维护，对防尘网、防尘罩及时清理，确保交直流室通风良好，温湿度环境满足规程要求。完善充电装置恢复运行时操作顺序，规范交流进线断路器在运行中跳闸后的处置方案。

参 考 文 献

[1] 国家电力调度通信中心. 国家电网公司继电保护培训教材（上册）[M]. 北京：中国电力出版社，2004.

[2] 国家电力调度通信中心. 国家电网公司继电保护培训教村（下册）[M]. 北京：中国电力出版社，2004.

[3] 国家电力调度通信中心. 电力系统继电保护实用技术问答. 2 版 [M]. 北京：中国电力出版社，2000.

[4] 江苏省电力公司. 继电保护原理与实用技术 [M]. 北京：中国电力出版社，2006.

[5] 景敏慧. 电力系统继电保护动作实例分析 [M]. 北京：中国电力出版社，2012.

[6] 薛峰. 电网继电保护事故处理及案例分析 [M]. 北京：中国电力出版社，2014.

[7] 国家电网有限公司. 国家电网有限公司十八项电网重大反事故措施（2018 年修订版）培训教材与讲座 [M]. 北京：中国电力出版社，2019.

[8] 国家电力调度控制中心，国网浙江省电力公司. 智能变电站继电保护技术问答 [M]. 北京：中国电力出版社，2018.

[9] 许艳阳. 变电站二次设备调试与运行维护 [M]. 北京：中国电力出版社，2020.

[10] 葛亮，等. 电网二次设备智能运维技术 [M]. 北京：中国电力出版社，2019.

[11] 宋福海. 智能变电站二次设备调试实用技术 [M]. 北京：机械工业出版社，2018.

[12] 国网浙江电力调度控制中心，国网浙江省电力公司杭州供电公司. 智能变电站二次设备典型缺陷分析与处理 [M]. 北京：中国电力出版社，

2018.

[13] 陈庆. 智能变电站二次设备运维检修实务 [M]. 北京：中国电力出版
      社，2018.

[14] 陈庆. 智能变电站二次设备运推检修知识 [M]. 北京：中国电力出版
      社，2018.

[15] 王国光. 变电站二次回路及运行维护 [M]. 北京：中国电力出版社，
      2011.

[16] 戴宪斌. 变电站二次回路及其故障处理典型实例 [M]. 北京：中国电力
      出版社，2013.

[17] 许傲然，杨林，谷采连. 变电站运行与维护实训 [M]. 北京：首都经贸
      易大学出版社，2018.

[18] 林冶，张孔林，唐志军. 智能变电站二次系统原理与现场实用技术
      [M]. 北京：中国电力出版社，2016.

[19] 狄富清，狄晓渊. 变电站现场运行实用技术 [M]. 北京：中国电力出版
      社，2019.

[20] 国家电力调度控制中心. 电网设备监控管理制度汇编 [M]. 北京：中国
      电力出版社，2017.

[21] 毛南平，李丰伟，陈东海，等. 地区电网自动化系统典型缺陷案例分析
      及处理 [M]. 北京：中国电力出版社，2016.

[22] 国网宁夏电力有限公司培训中心. 智能变电站运行与维护. 2 版 [M].
      北京：中国电力出版社，2020.

[23] 张丰. 智能变电站设备运行异常及事故案例 [M]. 北京：中国电力出版
      社，2017.